インフラの老朽化と財政危機

―日の出ずる国より，日の没する国への没落―

守屋俊晴

創成社新書

59

はじめに

「国防」とは「国家防衛」であり、その意味するところは「国民の安心・安全な生活を守ること」と考えています。具体的な内容としては、教育の充実、治安の確保、医薬と保健の保障、環境衛生の改善、快適な生活の保証、住居の整備、防災の完備、食糧の安定的確保など多様な事項があります。

最近、多くの国で、「国家第一主義」を標榜しているのはその表れであり、裏返せば、各国にとって国家運営上、それらの維持、確保、整備の各面において、危機的状況にあることもしくは国民の不満が高まってきていることなどの現実的な背景あるいは社会的環境が出現しているとされています。他方、政府が効果的な施策を打てないままに、時間だけが経過していき、状態が悪化している傾向にあります。

日本においては、国家債務の膨張などがその最大の事例であり、築地市場の豊洲への移転問題では、見方によれば無駄に2年間ほどの時間を過ごし、第1次的には仲卸業者などの関係者に経済的犠牲を強いている一方、第2次的には、環状2号線の工事の中断により、地域住民に不都合を強いていることにもなっています。

国防は、中央政府だけの問題ではありません。中央政府と地方政府の共同事業であり、また、地方政府との連携のもとに行われる事業が多く、行政施策としては多様な事業にわたっています。そして縦の行政行為よりも、現実としては、「横の共同事業」が重要になってきています。たとえば、河川の治水事業や道路網の整備など、多くの行政事業は、単一の地方公共団体では効果は限定されています。河川では国の支援も必要であるとしても、当該河川流域の地方公共団体の共同・連携が必要とされています。

インフラ資産としては道路、橋梁、上下水道、森林、鉄道、河川、湖沼、ダム、海浜、電線・電話、鉄道施設、病院など人造的施設や自然、歴史的遺産その他があります。これらの資産の健全な活用は、「人の生活」に欠かせない有形、無形のものであります。定期的もしくは臨時的な改修並びに代替資産の建造が必要とされています。

これらの資産とその他の対象項目のうち人造的施設は建造してからの経過年数が50年以上経過しているものが多く、経年劣化しています。さらに10年後、20年後には劣化資産が急増していき、人の活動や生活に大きな支障が生じることが確実に予想されています。自然についても、人の手を入れないままにしておくと、人の世界における「求められる自然」が維持されないことになっていきます。

本書としては、これらの資産のうちとくに道路、橋梁、上下水道、森林などを中心に取り上げています。その上で、現状と将来の見通し、ならびに中央政府と地方政府の対応その他の行政事業に触れていくことにしています。

重要なことは「財源の確保」であり、これらのインフラ資産に関係する予算配分が、「社会保障費の傾向的増大化」のために減少（削減）している傾向にあるのが事実です。そのため、近い未来、そのひずみ（代償）が生まれてくることでしょう。このひずみは将来世代に過大な生産的犠牲と経済的損失をもたらすことでしょう。

そのためにこそ、現代世代が「いくばくかの痛み」を負っても、将来世代の「安心・安全な生活」を確保できるように努めていくことが必要であると考えており、その方策の検討を「何らかの形」で表してみたいと思っています。今やらなければならないことを、財源不足とか人材不足を理由に実施しないことの理由にして、そのままにしておいてよろしいのでしょうか。おそらくツケ（代償）は大きく跳ね返ってきます。国家予算（一般会計）98兆円の配分の中で考えられないのでしょうか。平成30年度の当初予算案はほとんど審議されないいま国会で承認されていることにみられるように、まず「課題の選択」から始める必要があるようです。そして国としては予算を十分に審議すべきです。

目次

I　国家の存亡

1　変わりゆく国防

国防とは、広辞苑では「外敵の侵略に対して国家を防衛すること」とし、大辞林では「外敵の侵略から国を守ること」と説明している。わたし個人としては「国防の意義」を、この枠を超えて「国民の安心、安全な生活を守ること」と理解している。その維持・保全と充実・向上は「日本政府の使命」である。「ローマ皇帝の三大責務（使命）」は、①国家の安全保障、②健全な内政の維持・確保および③インフラの整備・保全とされていた。

ローマ帝国、その長期繁栄を極めた800年におけるローマ皇帝の使命は、この「三大責務の達成」に現われている。繁栄の基礎《いしずえ》を築いたのはユリウス・カエサルであり、それをさらに堅固にしたのが、カエサルの養子となったオクタヴィアヌス（初代ローマ皇帝、後のアウグストゥス）である。アウグストゥスは、カエサルの妹の娘の子（姪《めい》）であるから、カエサルの孫（「姪孫《てっそん》」ともいう）にあたる。いずれにしても、その後、歴代の皇帝がこの責務の遂行に努めていく。その結果、国家の安泰を保証することにつながっていく。その背景には、国民の支持を長期的に得ていたからである。しかし、ローマが東ローマと西ローマに分裂した後のローマは、衰退傾向を示しはじめた。皇帝がこの三大責務を果たしえないようになった時代、ローマは衰退への道をたどっていくことになった。その最大の原因は「経済力の低下」にあった。国富向上へのエネルギーを失ったのである。

① 国家の安全保障

国家の安全は、外敵による侵略から国を守ること、もしくは防衛できていることを国民に保証することにある。そのためカエサルは、ライン川とドナウ川方面にまで軍隊を進行させた。そして防衛隊を配備することによって、国家防衛の基礎《いしずえ》を築いた。この防衛隊の配備は、西は現在のイギリス・フランスからドイツであり、南はエジプト、東はトルコ、北はユーゴスラビアからブルガリアを含む広大な地域を占めていた。しかし、このような安全網の整備は相手国から見れば、明らかに「侵略」でしかない。

ローマは原則として、平時は防衛軍をローマに配備していなかった。防衛隊の役割が機能していたからである。ところが、東西分裂後のローマは、長い間の平穏な時代に馴染んでしまっていて、危機への対応ができるような国家体制（国家防衛力の維持）にはなかった。長い間、他国からの侵略を受けることがなかったから、侵略への対応ができていなかった。

現在の日本の場合、他国からの侵略行為を「防御できる体制が整備されているか」と言えば、いろいろと問題がある。「最大の防御体制」は、相手国よりも圧倒的に強力な軍備を持つことであり、それを相手国に認識させることである。それをなし得たのがユリウス・カエサルであった。

② 健全な内政の維持・確保

内政とは、国内の経済事情であり、塩野七生は『ローマ人の物語』のなかで「経済の安定と繁栄こそが、政治には関心のない一般庶民をも味方につける策」であると述べている。その意味することは「国家安寧《あんねい》」である。ローマ人の主食である小麦であるが、国内の生産量では必要とする量をまかなうことができなかったため、輸入に頼っていた。主たる輸入先がエジプトであった。そのためエジプトは長い間、皇帝直轄の支配下にあった。軍隊の派遣はもとよりのこと、食料品の配給網の整備のためにも、港湾と道路というインフラ資産の整備は重要な政府の事業であった。

国民にとって「食」と「住」の安定的確保は、きわめて重要なことで、国家としても最大の政治的・経済的課題となっている。食の安定的課題は「職（消費購買力）の確保」にある。職業の安定的従事が食生活の安定的確保の第一次要件になっている。もとより治安の維持、衛生環境の整備も重要な要件となっている。塩野七生は、職業従事の重要性について「失業とは、その人から生活の手段を奪うに留まらず、自尊心を保持する手段までも奪うことである」とし、続けて「それゆえに、失業問題は福祉では解決できず、職を与えることのみが解決の道になる。この対策を誤ると、都市には人が必要以上に流れこむことになり、福祉政策の徹底・不徹底に関係なく、社会不安の温床と化す」と述べている。

現在の日本の場合、果たしてそれが成しえているのであろうか。非正規労働者の増加傾向や貧民階層（平均所得の半分未満の家庭）の増加をみると否定的回答になる。親の勤労意欲も問題であるが、将来を見据えた場合、子供の教育が問題である。「日本の子供の貧困率」は先進国の中でも最悪のレベルにあるといわれている。18歳未満の子供の割合で、６人に１人という最悪の貧困率になっている。そのため、満足に教育を受けられない子供たちがいる。経済大国日本として、将来を担う子供たちのこのような現状は早急に改善していかなければならない。それは政府の責任である。

③ インフラの整備・保全

インフラ整備の中心は、道路と道路網、港湾、上下水道、その他公共施設等であった。道路は防衛網の維持に必要であり、陸軍を早急に必要なところに派遣するために、また、輸入物資の運搬もしくは配給網の整備も必要なインフレであった。ローマにおいては、日本の江戸時代に整備された一里塚のような道標《みちしるべ》が設けられていた。この道標は当時すでに行われていた長旅の旅行者にとっても必要な目印であった。また、港湾の整備は海軍にとって必要なほか、輸入物資の陸揚げに必要とされていたから、その整備と補修は重要な政策であった。

大帝国ローマの時代、インフラは当時のどこの国よりも整備されていて、皇帝の強い意志で作られ、完備されていた。それは道路と港湾に限られたものではなかった。とくにローマの上水道は有名で、現在でも一部は使われているという。塩野七生は当時のギリシャ人ストラボンの著書から引用して「ローマの下水道は見事で、ローマの街の地下を網の目のようにめぐっている。ヴォルト（アーチ型）式の石造なので、下水道の上はそのまま街路に使われている」という。さらに「舗装も、街中の道路にかぎらず、領土となつた地方の全域をめぐる街道まで舗装がゆきとどいている。ローマ街道は、丘をけずり、地勢の高低を平にならしたうえで施設される。こうしてつくられたローマ街道は平坦なので、輸送車も荷をより多く積むことができる。上水道の整備も完璧で、どの家でも飲料水に不足することはない」と説明している。この道路のことであるが、当時の道路は、雨水が浸透し歩きやすいように造営されていただけでなく、排水溝も整備されていた。

現在の日本の高速道路には「高機能舗装」が施されている。その効用は、①雨水の浸透機能、②騒音吸収機能、③太陽光線非反射機能（いわゆる「蜃気楼」遮断機能）などの効果があり、運転者等に対するいくつかの障害を取り除く効果がある。このようにいつの時代においても、利用者の効用を配慮して、インフラ整備は行われていかなければならない。

2　インフラの整備と国富の損耗

文明の発展はインフラの施設整備と深い関係がある。上下水道施設、鉄道施設、道路施設、防潮堤施設・防風（防砂）林（堤）施設やダムなどは「国富」を構成している。現在、これらの施設が老朽化している。多くの建造物、整備された諸施設が、築後50年以上経過していることから、老朽化が進んでいる。防風林としての松林等や街路樹である諸種の樹木も同様である。「国富の毀損」は、国民の生活や企業活動に大きな影響を与えている。これらの建設施設は、経済の発展と文明の成長に依存し、その維持と保全も「経済の発展と文明の成長」に依存している。国は、昭和39年の東京オリンピックの開催に向けて大々的にインフラの施設整備（公共工事）を行った。主要なものが①首都高速道路、②東海道新幹線、③上下水道施設である。東京環状道路も、この時代の施設である。なお、付言するならば、環状2号線（新橋界隈）、環状3号線（市ヶ谷界隈）、環状4号線（品川界隈）などは、現在でも工事計画中もしくは工事進行中のところがあり、完成していない。

とくに問題視されているのが、新橋から豊洲かけての環状2号線（東京都市計画道路幹線街路環状2号線）である。この道路のうちのいわゆる「五輪道路」（俗称「（幻の）マッカーサー道路（西新橋地区の地下トンネル区間）」と呼ぶ）の延長部分が問題視されている。この道路は、平成30年4月現在着工の目途さえ立っていない。また、市ヶ谷から飯田橋間に沿って残されている江戸城の外堀に並行して設置されている別称「外堀道路」は、拡幅工事が行われている。多くの工区で、セットバックして新しいビルが建築されているが、一部用地の取得が進んでいないのか、拡幅工事が進められない状態になっている。

築地市場から豊洲市場への移転問題がこじれているが、主として生鮮三品を扱う市場であるとしても、そのほとんどが陸送であることを考えると、海岸近辺にこだわる必要はなかったはずである。現実に、川崎市の2つの市場（北と南）は海岸から離れた所に設置されている。東京都中央卸売市場は都内に11カ所ある。その1つが築地市場であり、都の他の多くの市場（築地に比較して小規模）は内陸に設置されている。交通（運送）の利便性からの検討もあってしかるべきであった。

築地市場の周囲の「早朝時の大型車による渋滞」と「市場自体の老朽化」が問題視されてきた。平成10年代の前半期、とくに前者については、積み荷の荷卸しが終わった車を立てて駐車させることも検討された。クレーンで吊り下げるというものである。また、市場外取引の増加と個人小売店の減少により、仲卸業者の減少が当時から問題視されてきた。東京ガス跡地の買収に関しては、当初から「有害物質の存在」が認められていたこともあり、この移転計画は、スタート時点ですでに躓《つまづ》いていた。ひとつの過ちを糊塗《こと》するために、何倍もの努力が必要とされている。物理的安全性ではなく、生鮮三品を扱う限り、「精神的安心性」を重視すべきであった。

ともかく、先の東京オリンピックの開催に向けた取り組みにおいては、公共投資の大盤振る舞いが「岩戸景気」をつくり出した。しかし、そのインフラ施設整備への資金投入が下火になった時期に景気が沈滞し、大不景気時代になっていった。そしていくつかの大企業が経営破綻を起こした。東京都水道局の調査報告によれば、東京都内の主要な水道施設は、東京オリンピックの開催に向けた時期に概ね完成し、いまでは50年以上が経過している。順次竣工させてきているので、早いものでは70年以上が経過している計算になる。とくに環状八号線は、建設当時想定していた交通量を超えて、より多く利用されている。しかも昭和30年代では、想定していなかった、より大型のトラックやトレーラーが利用していることから、道路の損耗化、老朽化が進んでいる。過積車も多い。

問題は表層部分だけの問題ではなく、骨格部分もしくはその下部層の損耗度合いが進んでいるということにある。ただし、どこの部分（地域）の道路に摩耗度が大きいのか、調査ができていない状態にあって、どこで、水道管が破裂してもおかしくはない状況にあるとも説明している。日本経済新聞（以下「日経」という）の連載記事「都市インフラ考」では「見過ごしがちなのがインフラの老朽化」だとし、そこでは、下水管の破裂による道路の陥没だけでも「都区部で年間７００件を超す」ことから「都市インフラの危機はすでに私たちの目の前にある」と指摘している。

インフラの老朽化が進み、各地で事故が起きている。平成25年以降、各地で人身事故が相次いで起きている。しかも老朽化しているのは、道路自体だけでなく、その関連施設等、たとえば街路樹や信号機なども同様に樹齢もしくは耐用年数を超えて危ないところがある。現実に、老木の倒木による人身事故が起きている。このような事故は、台風などの来襲時だけでなく、そこそこの強風でも起きていることから、市民生活に不安を投じている。

補修や改修はもとよりのこと、大規模な取換工事が必要な時期にきているが、財源がないことと住民の工事反対の声が高いことなどの理由から、必要な工事ができないという。工事をすることによって渋滞が発生することや、工事騒音などに対する利用者と周辺住民から苦情がでる。しかし水道管が老朽化と摩耗などにより破裂したり、地盤沈下で補修工事を行うなどで、一時的に使用不能になると、地域住民の生活に大きな影響を与える。

また、下水道施設も同様な状況にある。どこの部分に摩耗度が大きいのか、十分な調査ができていない状態にあって、どこで、下水道管に亀裂が発生してもおかしくはない。東京都の場合、一時間に50ミリの雨量に対応できるようにつくられている。そのため一時間に50ミリ以上の降雨があると、排水能力を超えた流水は、下水管を逆流する。その力は強く、ときにはマンホールの蓋《ふた》が飛び跳ねてしまう。最近発生しているゲリラ雨は狭い範囲の地区に大雨を降らすため、一層、下水管の容量に影響する。通行人に被害を起こすこともあり、マンホールから流れ出した雨水は通行人だけでなく、車の走行にも大きな被害をもたらす。

ところで、平成26年8月中旬に襲来した台風11号とその時期に、四国、近畿、北陸地方を襲った大雨は大きな被害を、それら地域の数々の箇所に被害をもたらした。１時間に１００ミリ以上、１日の雨量が８００ミリを超えるところもあって、大洪水と土砂崩れを各地で起こしている。とくに傾斜地に大きな被害をもたらしている。

このような大雨は、ここ10年を顧みると、決して珍しいことではなくなった。地球温暖化を原因とするもの（説明・解釈）があるが、とくに都市部においては、宅地造成の拡大と道路の舗装化、河川のコンクリート改造工事など人的要因もある。いずれにしても、このような大雨が東京圏内の一定地区に限って降る「ゲリラ豪雨」がくれば、とくに東京都内の場合、下水道は雨水と生活排水の併用（合流式）となっていることからも、その対応力（容量）は低く、水害被害を受けやすい環境にある。

老朽化が進んでいることもあって、その改修工事は早急に進めていかなければならないが、水道施設と同様な理由によって、進んでいないのが現状である。上下水道は地方公共団体の管理対象であるが、全国の地方公共団体に任せておけばよいというものではなく、結果として、国の補助金が必要とされる。その金額は巨額である。このまま時間が経過していけば「国富の毀損」が、一層、進んでいく。「長期の事業計画」と「財源の安定的確保」が必要である。しかし現在の国にそれが策定されていない。国の貸借対照表に計上されていないし、十分な情報が国民に周知されていない。必要とされる改修・補修工事費用は巨額であるが、国民一般に周知されていないことから、国民は認識していない。したがって予算化されていない将来費用を、ここでは「隠れ債務」と呼んでいる。国民に、ひいては地域住民に公表し、安心・安全な生活を守るために必要なことを理解してもらえるように努めるべきである。

予算化していないという重要な問題がある。このような事例は、日本国内にいくらでもある。「隠れ債務」は、結果として将来債務であることから、将来世代に負担を強いる結果ともなってくる。それゆえにこそ、現代世代が理解し、その負担を何らかの形でもって負担していく努力が肝要である。借金して資金を調達することが、将来世代に負担を強いることになると批判する人たちがいるが、インフラ資産が老朽化して使用不能であることのほうが、将来世代の人たちが負う経済的犠牲が大きくなってくることを理解する必要がある。

なお、言及するならば、老朽化の補修も大事であるが、新設工事もまた必要である。そして解決すべき課題も浮かび上がってくる。工事が進まないという重要な問題がある。相次ぐ経済対策に盛り込まれた多額の公共事業費が、実際には使われず残されているという事実である。それは会計検査院の検査結果で報告されている。

その背景には、道路等の保全業務にあたる土木技術職員や見積価格の積算職員が不足しているほか、資材価格や人件費の高騰によって、入札しても落札者がいないという国内の事情がある。そのために、補修すべきインフラ施設が、利用する上で危険となり、道路では「通行禁止」とされ、利用できないことにもなってくる。その経済的損失は大きく、一般国民並びに利用している企業等に多大な経済的犠牲を強いている。

日経の連載記事「老いる都市」では地方自治体が管理する長さ15m以上の橋のうち、点検を実施しているのは40%に過ぎない。その一方で、問題が見つかり、通行止めなどの規制をしている橋がある。そのため利用者は迂回するなど、経済的犠牲を強いられている。高架が多い都市部の高速道路も老朽化問題を抱えている。小規模な地方自治体では、人手不足と管理能力などの理由から必要な情報が整備・保全されていないことから、「将来費用の見積もり」ができない団体がある。

3　社会環境施設に対する常識判断と非常識判断

とかく世の中には「合成の誤謬」とか「総論賛成・各論反対」の場面に出くわすことがある。そこで、ここでは立場の相違や生活環境によって「人の心が変わる心境や背景」に、まず、触れておきたい。描き出される人の心が環境に大きく依存していることを申し上げておくことにする。合成の誤謬は、個人もしくは1企業・1法人が合理的な判断を行ったとして、その結果は、全体として、つまり社会全体としては、不合理な結末もしくは意図しない結果を生むことをいう。現在《いま》、社会的問題となっていることの1つに「保育施設」や「焼却場・清掃工場」の建設問題がある。

施設の設置自体は賛成だとしても、近所に設置されることに反対するというような事例である。保育施設については、大都市圏の人口が多い地方自治体では、用地の取得と保育士の確保が大きな悩みとなっている。駅の近くでは、候補地がなく、利用者は通勤の関係上、駅近でないと預けられないという事情がある。私の友人は、川崎市の宮前区に住んでいたところ、駅から遠いところにしか空きがないことから、東京の天王洲に引っ越した事例がある。

これは決してまれな事例ではない。

また、住居地の場合、比較的年寄りが住んでいることから、騒音（幼児の声「キー」が高い）がうるさいとか、交通事故を含めた事故の発生リスクが高くなることなどから、保育施設等社会的施設の設置に反対している事例が、よく新聞などで取り上げられている。これからの経済的社会においては、大企業の社会的責任の遂行もしくは社会への奉仕活動が評価されてくる。それらの多くが企業評価につながっていく。大手小売業や金融機関など駅の近くで事業を展開している企業は、一部を保育施設として開放していく動きが出てくるものと思われる。実際、一部にその動きがある。交通事故については、ひとつの工夫（たとえば、道路上に、横一線に少しの盛りをするなど）をすれば、スピード走行を抑止できるが、実際のところ、交通の安全走行に対する施策の進捗率は低い。行政と民間が共同すれば、保育施設の増加は一歩前進するはずである。

焼却場・清掃工場についても、ほとんどの人たちは、施設の設置自体は賛成だとしても、近隣に建設することには反対している。焼却場・清掃工場（特別区）の設置は、当初、都の事業として行っていたが、平成12年3月30日現在で、東京都清掃局が廃止となり、翌日の4月1日に特別区（23区）が中心となって設立した「東京23区清掃一部事務組合」に事業を移管した。原則として特別区ごとに1基建設することにしているが、現実問題としては、用地の取得問題と住民感情（反対運動）という越えがたき壁があることから、組合を設立して全体的視点から対処することにした。都心部のある区では、「ここにつくることはふさわしくない」など、引き受けてくれる区の住民の感情を逆なでするかのようなことをいっている区民もあった。それでは、皆さん方が出したごみは誰（どこの自治体）に任せようというのか、問題ある発言であると思う。といっても、この自治体の夜間人口は5万8千人、昼間人口88万6千人であることを考えれば、家庭のごみというよりも、事業体のごみと思えば、多少、割り引いて考える必要があると思われる。

この平成12年は「都営大江戸線」が開通した年でもあり、開通した日は12月12日である。区の清掃工場は21カ所あり、大田区（大田清掃工場、以下同様、多摩川）、世田谷区（世田谷、千歳）、江東区（新江東、有明）、練馬区（光が丘、練馬）に各2カ所ある。また、不燃ごみ処理センターは、大田区（京浜島）と江東区（中坊）に2カ所および江東区に粗大ごみ破砕処理施設がある。清掃工場がない自治体は荒川区、台東区、中野区、新宿区、千代田区である。「全体の最適化」と個々の思惑（個人的感情）の融和は難しい。

国民の持つ「常識もしくは常識的判断」は、その人がおかれている教育、職業、収入、財産、その他の生活（居住）環境に大きく依存している。その人たちと対極の立場にいる人たちの「常識もしくは常識的判断」は、大雑把《おおざっぱ》にいって「非常識もしくは非常識的判断」といい得るかもしれない。

この「非常識」という表現は私のいいたい内容よりも強いインパクトを与えかねない言葉(用語)であると危惧していることを踏まえたうえで、本書ではあえて用いている。それは対極にいる人たちの意識や感覚をより鮮明に言い表すことができると思っているからである。一般的に使われている「非常識」もしくは「常識外れ」が意味するマナー違反、無礼な行為・言葉、その他の行為・行動があるが、そのようなものとは異なっていることをお断りしておくことにする。

たとえば、税務行政において、徴税者と納税者は対極な位置関係にある。あえていえば対立の関係にある。徴税者側では「徴税額の向上」が、納税者側においては「納税額の縮小」を最大の基本的命題としているからである。そのような事実関係を両者は認識している。しかし、所(立場)変われば、精神《こころ》(理性もしくは感性)も変わる。そこに争い(解釈の相違そして裁判など)が起きる。とくに、税務署上がりの税理士を見れば、よくわかる。なかには、顧問先に脱税「過大な節税対策」を勧めている一方、本人が脱税して逮捕されている事件が、時々、新聞などで報道されている。

4　国防の意識と国民感情

先に「最大の防御体制」は、相手国よりも圧倒的に強力な軍備を持つことであり、それを相手国に認識させることであると書きはしたが、現実問題としては、はなはだ「危険な言葉（国家戦略）」だと思っている。多くの国がそれを望み、その方向に進んでいくとすれば「軍備拡張競争」になる。「兵器は魔物である」ため、責任者の精神を変えてしまいかねない。歯止めが利《き》かない国家戦略になってしまいかねないからである。しかし、他方、平和を祈念し、「核のない世界」を求めたとしても、それは実現不可能な「妄想」である。戦争のない世界を求めたとしても、過去の長い歴史のなかで、戦争のない時代より、戦争が起きている時代の方が圧倒的に長い時間である。歴史が語る事実を振り返れば、そういわざるを得ない。

平成23年度『省庁別財務書類』（平成25年5月）は1、516頁に上る膨大な書類であり、防衛省の「省庁別財務書類」は1、473頁以下に掲載されている。また、平成26年度『省庁別財務書類』（平成28年1月）は1、613頁に上る膨大な書類であり、防衛省の「省庁別財務書類」は1、543頁以下に掲載されている。

企業会計（民間）の損益計算書に相当する「業務費用計算書」によると、防衛省の費用総額は平成22年度（平成23年3月31日までの1年間、以下「暦年期間は同一で期末日が変わる。」）で、4兆9、994億円（うち人件費2兆1、024億円、42・1％）、平成23年度では5兆4、843億円（うち人件費2兆1、307億円、38・9％）となっている。さらに平成24年度は4兆7、380億円（うち人件費1兆9、948億円、42・1％）、平成25年度は4兆7、291億円（うち人件費1兆9、531億円、41・3％）で、平成26年度は4兆9、893億円（うち人件費2兆641億円、41・4％）となっている。

防衛省がＨＰで公開している資料によると防衛関係費全般の平成26年度の歳出予算額は4兆7、893億円（うち人件費2兆930億円、43・8％）で、平成27年度概算要求額は4兆8、994億円（うち人件費2兆1、054億円、43・0％）である。平成28年度の歳出予算額では4兆8、607億円（うち人件費2兆1、054億円、43・0％）、平成29年度が4兆8、996億円（うち人件費2兆1、054億円、43・0％）となっている。

前段の業務費用計算書の数値は企業会計に準じた発生主義会計を採用した数字である。他方、後段の歳出予算の数値は現金主義会計を基礎とした歳出予算額もしくは予算要請額であるため、比較可能性がない財務資料である。しかし、なぜか数字的（表面的様相）には比較可能な数字（近似的水準値）となっている。前段は固定資産の購入は資産に計上し減価償却をしている。そこで、差異の主要な科目である減価償却費の計上額を見てみることにする。

なお、参考までに示しておくと土地を含めた「有固定資産総額」と主要な軍用船と軍用機が含まれていると思われる「船舶・航空機」（貸借対照表計上額）の資産計上額を示しておくと、以下のようになっている。

	有形固定資産総額	船舶・航空機の額	減価償却費用
① 平成22年度	10兆8、695億円	2兆2、187億円	1兆1、515億円
② 平成23年度	9兆9、321億円	1兆9、125億円	1兆3、932億円
③ 平成24年度	9兆7、314億円	1兆8、516億円	1兆 918億円
④ 平成25年度	9兆5、778億円	1兆7、813億円	1兆 343億円
⑤ 平成26年度	9兆4、343億円	1兆8、076億円	1兆 451億円

ここで注意をしておくことがある。前段の省庁別財務書類は発生主義会計に基づいて作成されているが、後段の歳出予算等においては、現金主義会計（出納閉鎖期間「締日は5月31日」制度があるため、純粋な現金主義会計ではない。この方式を一部の人たちは「修正現金主義会計」と呼んでいる）、たとえば、戦闘機等の購入は歳出として支出があるだけである。他方、発生主義会計では減価償却費が費用計上され、資産の帳簿価額が減少する。このように両者は異なる会計基準に準拠して経理されているもので、比較可能性のない性格を持った

数字である。しかし一応の形態（防衛費の総体把握）を理解することができる。

今見てきたように、この5年間、防衛費はほとんど増加していない。有形固定資産総額も増加していない。むしろ減少している。毎年の減価償却額以下の投資しかしていないということである。中国や北朝鮮を中心とする近隣諸国との緊張感が高まるなかで、このようなことで「日本の防衛体制」は十分なのか、問題である。

国連安全保障理事会が「北朝鮮に対する制裁強化決議」を中国とロシアを含めた全会一致で採択したことを受け、それに反発する北朝鮮は、平成29年8月10日、アメリカ領グアム沖周辺の海上へのミサイル発射計画を発表した。それは中距離弾ミサイル「火星12」4発を同時にグアム沖30～40㎞の海上に着弾させる計画であるという。北朝鮮は、日本の島根県、広島県、愛媛県、高知県の上空を通過すると予告している。日本の軍事力をなめているとまではいわないが、評価していないが故の予告である。いざという時、日本にとって領空侵犯になるが、日本はどのような対応ができるのか、効果ある防御は難しい。

この北朝鮮の宣戦布告のようなミサイル発射計画に日本やアメリカはいささか動揺したのか、10日の日経平均株価が大きく下落した。それまでは2万円を水準に上下していたが、この日は257円30銭安で、終値は1万9、738円71銭となった。同様にアメリカダウ工業株30種平均株価が前日比36ドル64セント安い2万2、048ドル70セントで引けた。一時は前日比88ドル安まで下落する場面もあった。

5 沖縄問題と歴史的背景

ある年のこと、野党から与党になった時の首相が「パンドラの箱」を開けてしまった。それから「沖縄基地問題」は拡大し、混迷を深めていくことになった。それまでは、沖縄の知事も県民も騒音などの問題は別として、基地移転などの問題は暗黙の了解にあった。普天間飛行場移設先について、鳩山首相が「県外移設について県民の気持ちがひとつならば、最低でも県外の方向で、われわれも積極的に行動を起こさなければならない」と述べたことをきっかけとして、普天間飛行場移設問題が火を吹いてしまった。

パンドラの箱はギリシャ神話からきているもので、最高神ゼウスから「開けてはならぬ」として頂いた箱を我慢できず、パンドラが空けてしまったために、地球上に悲しみ、恨み、裏切り、争い、などが広がっていったというものである。日本の浦島太郎の「玉手箱」に似た語りともいえる。ここに「県民の気持ちがひとつならば」という前提条件が付されている。知事等自治体の首長選挙において、移設反対、基地撤退が圧倒的多数で勝利したかといえば、そうはなっていない。賛成票も相当程度集まっている。賛成の人たちは、声をあげて「賛成」といえない雰囲気のなかでの選挙である。ともかくそのようなことから考えると、「県民の気持ちがひとつになっている」とはえない。前提条件が充足されていない。

選挙は多数票が勝利する選別方式であり、それが民主主義の要としているが、民主主義の基本的思考は、住民の総意を考慮することであって、「少数派の意見を無視」することではない。もしそうであれば、1人の正義（誠意）も、99人の悪意（利権）の前につぶされてしまう。これを「民主主義暴力」という。

基地を移転するとしても、どこに移転すればよいのか、もし国外への移転を考えているとしたら、その後の「日本の防衛体制」をどう構築していくのか、まず、そのような将来計画を先に立ててから、かつ実現可能性のある計画案ができた上で、「最低でも県外の方向」を口にするべきであった。将来計画もなく、本件問題を口にしたのは日本のトップとしては「軽率」であったといわざるを得ない。移転を実行する前に、近隣諸国との外交事情が悪化している時期でもあり、やるべきことがあった。それは、日本国を自ら守る体制「自己防衛体制」をつくることであり、そのためにはおそらく「軍備拡充」と「徴兵制の採用」が必ず必要になってくるものと考えるべきである。まず、国民の同意を得なければならないのであるが、戦争反対の民意が強い現状で賛意を得ることはきわめて難しい。戦争反対を唱えていれば、「他国は侵略してこない」という希望的観測は、他国には通じない妄想である。

米軍基地反対は、太平洋戦争末期の戦災被害と戦後の軍事基地化にあるとしても、それ以上に長い沖縄の歴史的事情がある。そちらの方が意外と大きな影響を持っているものと考える。県民の多くが何を望んでいるかを理解し、行政がどう事業を展開していけばよいのかは、難しい問題である。日本復帰後、毎年、20年間にわたって2、000億円余を支援してきたし、その後は3、000億円以上に増加させてきているが、県民が望んでいるような「経済復興」、「県民1人当たりの収入の増加」が思うようには達成されていないことにある。

その歴史的事情とは何か。日本の戦国時代、まだ琉球(現沖縄県)が日本の一部にはなっていなかった。戦国時代が収束し、江戸幕府ができた時代、徳川家康は、明との貿易を望んでいた。辻達也は『日本の歴史　江戸開府』のなかで「秀吉も琉球は日本領であるとして、朝鮮出兵の時軍役を課したが、琉球王はこれに従わなかった」という。琉球王は独立国であるという意識からの出兵拒否である。

秀吉の朝鮮出兵は明との貿易復活が意図されていた。家康も貿易の利得を計算していた。琉球を仲介に明との貿易取引の復活を考えていたのである。家康は琉球が家康の意図したようには動かないので、やむなく島津義久に指令を出した。義久は1609年2月琉球遠征軍を派遣し、4月5日、琉球王尚寧《しょうねい》を降伏させ、支配下に置いた。その戦功を賞して、家康は琉球を島津家に与えた。しかし、その反動が表れた。それは「こうして琉球は薩摩藩を通じて日本に服属することが確定した。しかし日本が琉球を征服したことは、日本に対する明の疑惑を強めてしまい」、明は日本との貿易を1615年9月に、琉球王を通じた日本との貿易取引を拒否してきたことにある。時代は飛ぶ。そのようなこともあって、過去の経緯から、最近に至って中国は沖縄の中国帰属への動きをしている。

しかし当時の明はほとんど鎖国状態の国であった。甲斐慶司は『創造と破壊　成長と犠牲』のなかで、鄭和の艦隊に触れたところで、明国の鎖国について、「1435年に宣徳帝が没したあと、…立て続けに発せられる皇帝の詔書《しょうしょ》で、真っ先に海外との交易および渡航が禁止された。…海外貿易の禁止令は、その後、数百年間にわたって固持された」ことから、日本との貿易も細々と続けられていた程度にあった。

さらなる歴史上の事情がある。惠《めぐみ》隆之介は『沖縄よ、甘えるな!』のなかで、まず「沖縄問題は混迷の度を増してきた。香港、台湾、フィリピン等の近隣諸国（地域）の民衆が中国に警戒心を強めている中で、沖縄一人が親中モードを高めている」と政府との軋轢を高めている近況を語っている。さらに問題とされることは「現在、那覇市内に久米《くめ》と呼ばれる地域がある。ここは14世紀以来、中国人の居留《きょりゅう》地域になっていた。…久米は、亡命者から琉球の監視役まで中国人の租界地をなしていた…。ここでは19世紀になっても中国語が話されており、日清戦争の終了まで沖縄をことごとく中国圏内に留めようと画策していた」という歴史的環境があって、沖縄の県知事は対中国への強い対応をしていない。尖閣諸島が問題となった時にも、とくに漁業関係者の生活が脅かされているというのに、強い対応をしていないのは、中国寄りの姿勢と見ることができる。ここにおかれた立場の違いによる常識の相違を知ることができる。

前掲書によれば「平成11年10月15日、沖縄県議会議事録に翁長《おなが》県議（当時）が議員を先導して…「普天間飛行場の早期県内移設に関する要請決議」を行っている。その当時の現翁長沖縄県知事は「自ら県内移設を条件とする普天間基地返還を主唱しておきながら、いざ実施段階に入ると反対に回る」と、その心変わりを批判している。

中国にとって、尖閣諸島それ自体はそれほどの意味は持っていない。その先が問題なのだ。沖縄諸島と宮古島を中心とする先島諸島との間が、海域上、空いていて（島がない）、中国艦隊が太平洋に出動していくためには、どうしてもこの海域が必要になってくる。中国海軍が、ソ連時代の中古艦の空母「遼寧」を改善させ、出航させることができたことは大きい。空母であることから、戦闘機はそれまでは本土からの出撃であったものが、空母の航海で太平洋のどこからも出撃可能となった。そこで、太平洋への航路の確保が重要な課題になってきたのである。いずれ近いうちに、中国が強硬な行動をとることは容易に想定される。

金文学は『日中韓　新・東洋三国時代』のなかで、韓国人は「表現の天才」で「世界のどこに行っても、どこに住んでも、自己表現が非常にうまい」と評しているが、その実態は

「自己主張が強く、決して謝らない」その国民的性格を表している。そして「韓国人は、もっとも喜怒哀楽の感情が激しい民族と思われる。短気で、その場ですぐにズバリと感情を表す素直さの持ち主である」というが、わたしとしては「むしろネチッコク執念深い国民」と思っている。他方、彼によると「日本人は自己表現が下手で、日本人ほど、約束に忠実な模範生は世界にもいないだろう」と評価しているが、それが問題であって、自分と同様と思って外国人に接しているために、諸種の契約や取引において容易に騙されてしまう。

日本人の常識と韓国人の常識の相違について、呉善花《オソンファ》は『「反日韓国」の自壊が始まった』のなかで、「極端にいえば、善悪が日本と韓国では正反対になる」ことが多いとし、韓国人は自分に非（誤り）があっても決して謝らない民族であるという。それは「謝れば自分に非があることを公式に認める」ことになるからだとしているが、日本人の場合、比較的容易に「すみません」と謝る。それは対人関係の良好な関係を保つためのものであり、場合によっては「挨拶」程度のものさえある。また、彼女は「韓国人は過去の遺恨を決して水に流そうとはしません。いつまでも恨み続けます」と、韓国人の民族としての性根を語っている。恨みを根に持つことも問題であるが、「恩義に感謝する気持ちがない」ことも問題である。このような立場から鑑《かんが》みれば、「話し合えばわかる」というのは無理なことで、日本と中国、韓国、北朝鮮との間での「対話による解決」はきわめて困難なことである。

Ⅱ　国家債務の膨張

1　国の財政状態と課題

　インフラ資産の保全、整備、更新、新設と補修には「巨額の財源」が長期的に必要になる。並びに、これまで触れてきたように、近年、中国や北朝鮮が進めている挑発行為が高まっていることから、これまでに触れてきた防衛費は、横ばいに推移してきているが、巨額な国家債務の抑制が求められているとしても、防衛費は増加していくことにならざる負えないだろう。また、長寿高齢化社会になっている現在、そして団塊世代があと数年で、後期高齢化年齢層になることを考えると、政府がいくら社会保障費の削減を叫んでも、限界がある。重要なことは、「高齢者の貧困層人口の増加」である。その人たちは生活自立者が少なく、しかも独り住まいが多くなっていく傾向にある。そして経済大国として活躍してきた勤労者に「孤独死」が増加している。日本は、経済大国といわれてはきたが、個人のなかには「老後の蓄え」がなく、日々、不安のなかで暮らしている人たちがいる。その人たちの数は意外と多い。他方において「オレオレ詐欺」や「振込詐欺」に遭って、多額の被害を受けている人たちもいる。これこそ経済成長が生んだ「格差社会」の結果の一断面である。

なお、これから触れるところであるが、社会保障費は増加していくことになる。そのためには国の財政（財政状態）の正確な理解と認識が重要である。どのように財源を確保していくのか、それが問われている。防衛費や社会保障費の確保なくして、国民の安心・安全な生活を保証することはできない。と同様に「国民の安心、安全な生活を守る」ためにも、「健全な財政の確保」は不可欠である。

高齢化社会で社会保障費が増加していくなかで、新たな変化が起きている。従来の夫婦関係が崩れていく傾向にある。それは「家庭の崩壊」もしくは「絆《きずな》の切断」とも思われる事象である。「死後離婚」がいまひとつの現れであり、また女性が死後、「夫の墓に入らない」という意思表示が起きている。このような社会的現象も孤独死を生むことに関係しているものと理解している。

以下に示したように、まず国の財政状態をみることにする。

（表１）国の貸借対照表の主要項目比較一覧表

（単位：兆円）

	平成23年３月	平成24年３月	平成25年３月	平成26年３月	平成27年３月	増減差額
	A				B	B－A
資産の部						
現金・預金	16	18	22	19	28	12
有価証券	89	98	111	129	139	50
棚卸資産	3	3	3	4	4	1
未収金	8	7	7	6	6	△2
未収（再）保険料	5	5	5	5	5	0
前払費用	0	4	3	1	4	4
貸付金	148	143	140	138	138	△10
運用寄託金	116	110	107	105	104	△12
その他の債権等	3	3	4	4	4	1
貸倒引当金	△３	△３	△３	△２	△２	1
国有財産	35	33	33	29	29	△6
公共用財産	145	145	145	146	148	3
物　品	3	3	2	2	2	△1
出資金	57	59	62	66	70	13
資産合計	625	629	640	653	680	55

（単位：兆円）

	平成23年3月	平成24年3月	平成25年3月	平成26年3月	平成27年3月	増減差額
	A				B	B－A
負債の部						
未払金	9	9	10	9	10	1
未払費用	1	1	1	1	1	0
保管金等	1	1	1	1	1	0
政府短期証券	91	107	102	102	99	8
公　債	759	791	827	856	885	126
借入金	23	25	27	28	29	6
預託金	6	7	7	7	7	1
責任準備金	10	9	9	9	10	0
公的年金預り金	124	119	115	112	114	△ 10
退職給付引当金	11	11	10	9	8	△ 3
その他の債務等	8	8	8	8	8	0
負債合計	1,043	1,088	1,117	1,143	1,172	129
資産・負債差額の部						
資産・負債差額（純財産）	△ 418	△ 459	△ 477	△ 490	△ 492	△ 74
負債及び資産・負債差額合計	625	629	640	653	680	55

（注）上表の金額は兆円以下の金額を四捨五入して記載している。

出所：財務省主計局編『国の財務書類』平成23年度（平成25年３月刊）～平成26年度（平成28年３月刊）

（表２）国の業務費用計算表（企業の「損益計算書」）の主要項目比較一覧表

（単位：兆円）

	平成23年３月	平成24年３月	平成25年３月	平成26年３月	平成27年３月	増減差額
	A				B	B－A
人件費	5	5	5	5	5	0
基礎年金給付費	17	18	18	19	20	3
厚生年金給付費	24	24	24	24	23	△1
その他社会保障費	12	11	12	12	12	0
小　計	(53)	(53)	(54)	(55)	(55)	(2)
補助金等	29	32	31	32	31	2
委託費等	3	3	3	3	3	0
地方交付税交付金等	20	21	21	20	20	0
運営費交付金	3	3	2	3	3	0
庁費等	2	2	3	3	3	1
その他の経費	2	3	2	3	2	0
減価償却費	5	6	5	5	5	0
貸倒引当金繰入額	1	1	1	1	1	0
利払費（支払利息）	10	10	9	9	9	△1
その他	1	1	2	1	1	0
業務費用合計	134	139	138	140	138	4

（注）上表の金額は兆円以下の金額を四捨五入して記載している。

出所：財務省主計局編『国の財務書類』平成23年度（平成25年３月刊）～平成26年度（平成28年３月刊）

上記に示した「国の貸借対照表」の、とくに貸方科目で突出《とっしゅつ》している項目が公債「国の債務」である。平成23年度末残高が759兆円であったものが、その4年後の平成27年度末には885兆円に増加している。増加額は126兆円（16・6％）で、平均年間増加額31・5兆円である。歳入の中心が税収であり、その税収が多い年で約50兆円であるから、歳入と歳出の収支差額は毎年赤字になっている。

ともかく、財務省の資料によると、平成20年度末の公債見込残高が553兆円、国民1人当たり433万円、平均的4人家族1世帯当たり1、732万円となる。それが、平成29年度末の公債見込残高は865兆円、国民1人当たり688万円、平均的4人家族1世帯当たり2、752万円と増加している。1世帯当たり1、020万円の増加となっている。なお、この資料によると、平均世帯人員3・9人で、勤労者世帯の平均年間可処分所得が513万円であるとしている。計算上、国民が負担するとして、これではとても返せる金額ではない。なお、平成29年度の一般会計税収予算額は58兆円である。平成29年度の一般会計歳出予算額が100兆円弱であるから、税収による債務圧縮も不可能である。また、国税庁が公表している1人当たりの平均年収額は、ここ数年、400万円台で横ばいになっている。

また、世界保健機関（WHO）による平成24年の「国民1人当たり所得ランキング・国別順位」（平成26年5月発表）では、日本はイギリス（15位、373万円）、フランス（16位、

367万円）についで17位の363万円になっている。600万円を超えているのはノルウェー（1位、667万円）、ルクセンブルグ（2位、602万円）、シンガポール（3位、601万円）である。

財務省は、平成28年8月10日に平成28年6月30日現在の「国の借金（国債、借入金、政府短期証券）」が1、053兆4、676億円になったと明らかにした。この金額は、右に示したものに借入金と政府短期証券を加えたものに相当する。単純に計算した場合、国民1人当たり約829万円になる。4人家族で計算すると、1家庭約3、356万円となる。この金額はマイホームを持っている家庭の平均ローン残高を超える金額に相当する大きな金額である。

近年における「一般会計の毎年の歳出予算額」が90兆円台で、じきに100兆円を超えることになる。平成29年の秋に示した財務省の平成30年度の一般会計の予算額は100兆円弱で、ぎりぎり100兆円を割っている数値である。おそらく平成30年の秋頃の補正予算では100兆円の大台にのるものと思われる。財政の健全化は、すでに20年ほど前から喫緊の課題と認識されてはきているが、政府、政治家、官僚の各世界の独特の世界感（地盤と権威の存在確保意識）が、全体的調和の支障になっている。官僚（施策立案）のなかに政治（国会審議）が入り、政治の中に選挙運動が入り込むので、妥協的産物ができ上がる。

2　国民の金融資産

計算上は、「国の債務と国民の債権は相殺され、国家は健全である」という考え方もあるが、世の中、そんな単純なものではない。少数の個人に金融資産が偏っていて、多くの国民は必ずしも余裕ある金融資産を持っているわけではないことを考えると、そのような仮の計算はあまり意味がない。これまで、何十年と、政府は財政健全化を1つの「重要な政策目標」としてきていながらも、有効な手立てを打ち出さないまま、現状にきている。「緊縮財政」は、国民の不評を招き、選挙時の集票機能を低下させることになることから、政府と政治家は意識的に避けているきらいがある。その意味では国民のサイドにも、財政健全化に背を向けてきた責任がある。重要なことは「緊縮財政政策」と同時に「経済の成長」が必要である。

緊縮財政はどこの国でも不評である。ギリシャが、財政破綻状態になった時でも、EUやIMFから「金融支援の条件」として緊縮財政を求められたときに、国民から強い反対運動が起きた。フランスのマクロン大統領が、就任して平成29年8月14日で3カ月になる。初期の支持率が36％であったものが、3カ月で30％近く下げている。支持率が低下した主要な要因は「歳出削減政策」である。とくに低所得者や学生から不満が上がっている。フランスの全世帯の約20％が月額数十～数百ユーロを住居費補助金として受け取っている。貧困層の日々の生活に対する不安が大きいことと、その階層の人口が比較的多数を占めているからである。とくに、一般的フランス人の失業率が10％を切っているのに対して、移民者の場合20％を超えている。

学生の生活様式について言及すれば、欧米の場合、18歳以上になると独立して生活するようになる。他方で、日本の場合、親元（下宿住まいの学生がいるとしも）から通っているのが、通常の通学スタイルである。日本では30歳台になっても、つまり勤労者であっても、親元から通勤している給与所得者が以外と多い。欧米の常識では、奇異（非常識）な生活慣習である。フランスでは学生（中学生と高校生は「生徒」という）および低所得者が住居費補助金（月額5ユーロの削減）への不満を高めたことが影響している。

日本経済は、現在、供給過多になっているのか、緩やかな経済成長もままならず、デフレからの脱却が達成できていない。日本国内の小売市場の商品流通量は大きく、小売業界が保有する流通在庫も巨額である。供給側の供給姿勢（供給能力）が、年々、強化されている。有名な百貨店に平時の昼間、どの階でも買い物客はあまり見当たらず、店員の方がはるかに多いように感じられる。

問題は需要者側の所得購買力の増加（伸び率）である。それが強く高まっていけば需給関係は改善し、デフレ経済からの脱却が可能となる。小金持ちの長寿高齢者が消費市場に参加していない、買い手として登場してこないことも問題である。市場に彼らの購買意欲を沸き立たせる商品やサービスがない。長寿高齢者は、小金持ちであっても、まず「欲しい物がない」などの理由で購買者として、市場に現れてこない。むしろ、将来「安心して暮らしていける支え（構図）」がないことから、少しでも生活の足しにしようと考え、現金を貯め込んでいる。

個人の金融資産は1、800兆円にまで膨らんでいる。その50％以上が金融機関に預けられている預貯金である。30年間で倍増した。増えたのは預貯金ばかりである。平成29年2月28日現在の「タンス預金」の残高は、第一生命経済研究所の調査によると43兆円にも達している。これは前年同期比8％の増加であり、増加額は8兆円にも上っている。長期低金利時代（実質ゼロ金利時代）が長く続いたことから、利子所得のうま味がなくなったことと「相続税増税時代」に入って、相続税回避対策の一環としての動向と分析されている。

政府が「貯蓄から投資」といくら叫んでも、また、金利ゼロ社会になっても、国民の預貯金願望は、この50年変わらない。1つに政府の「制度設計」に誤りがあった。掛け声ばかりだけでは、国民の意識は変わらない。一時《いっとき》、相続税課税の時の評価において、株式等の評価額を時価の90％にする案が出されたようであるが、すぐに葬むられたという。重要な税制改正であり、慎重に検討すべきであったと考える。ただし「時価の80％」ぐらいにしないとあまり効果がない。株式の長期保有なくしては、有効ではないと考える。この制度を「不公平税制」と批判する者がいるが、お金を持っている人たちが、証券市場に参加してくれない限り、貯蓄から投資への実現はない。

紙幣の発行残高は1年間に4％増加した。その額は88兆円である。インフレが高まり、紙幣の現金購買力が低下するようになれば、また、昭和60年代のような高金利の時代になれば、タンス預金は減少するとしても、預貯金の90％は減少しない。この低金利時代おいてさえも「預貯金依存型の資金運用姿勢」が、ある意味で日本経済の低成長性を招いているともいえる。かつて政府が意図した「貯蓄から投資への転換政策」は失敗に終わった。日本人の「ゼロ金利でもよいとする生き様」は、なかなか、変えることのできない日本人の気質なのでしょう。「貯蓄から投資」が政治的目的であり、「株式等の80％評価」はその達成のための1つの手段である。この方法がダメな場合、他の手段を採用すべきであった。いずれにしても国民の意識を改革する「政策の立案と実行」をしてこなかったのは政府の怠慢でしかない。

ところで「オレオレ詐欺」や「振込詐欺」の背景に見られるように、一部の長寿高齢者はなにがしかの現金や預金を蓄えていることを示す事実（事件）である。その背景には、国による「安心安全な老後の生活が保証されていない」ことによる不安から、日々の生活に余裕があっても、近未来の生活に大きな不安を抱いているからである。そのため老後の資金として「換金性の高い預貯金」を頼みにしている。

日本銀行が異次元金融緩和をしたといっても、その資金は金融機関などに回っているだけで、日本国民の一人ひとりにまで回っていくような仕組みになっていない。そのため、世の中にお金がだぶついているとしても、消費購買力の強化には機能していかない。主要な銀行は日本経済の基礎を支えている中小企業や弱小な個人事業者に融資したがらないという事情には、バブル経済崩壊後のトラウマがある。日銀は金融緩和の安全網として「国債購入額の上限額を日本銀行券の発行残高（紙幣発行残高）」としていた。異次元金融緩和政策はこの安全網を外して、限度を外して国債を購入するというものである。そして金融市場に資金を大幅に投じることから金融機関の貸出余力を増加させるというものであった。

しかし、現在、企業は資金余力があるため、かつてのように設備などの資金を銀行に依存する必要がない金融環境にある。潤沢なのである。その証《あかし》の1つが実質無借金会社が増加していることに現れている。設備投資を行うのに新たに資金調達を必要としない財務環境にある。さらに重要なことは、設備投資を行って製造能力を高めても、日本では買い手が不在という経済環境にあるので、あえて設備投資を行うような経済環境にはない。たとえば、日本の基幹産業である自動車業界をみても年間の販売台数が減少している上、1台当たりの販売価格も下がっている状態にある。平成29年に久びさに500万台を超えた。

いずれにしても、日本は1990年代後半以降、収支計算は赤字になっており、毎年、100兆円相当額の国債を発行している。その相当な金額が「借り換債の発行と利払いのための発行」であるから新規発行の真水部分が少ないことが、とくにインフラ施設整備の更新・補修財源を予算化できないことが問題になっている。老朽化が進んでいることから、これらのインフラ施設・設備に資金を投じなければならないとされているにもかかわらず、悪化している財政状態からできないというのが行政側の説明である。はたしてこのままでよいのか、国民の側からも真剣に検討していかなければならない課題であると考える。

アメリカも政府債務が増大化傾向にあることに大きな悩みを抱いている。アメリカの議会予算局（CBO）は、2017年3月30日、連邦政府債務の国内総生産（GDP）に対する割合が2017年の77％から30年後には、その倍の約150％にまで膨らむという予想値を公表した。その原因は長寿高齢化社会を迎えて発生する「社会保障費の増大」である。そのためにCBOは「国家の重大な危機が生じる」と警告を発している。その背景としてトランプ政権が選挙戦で、訴えた大幅な法人税の減税方針への警告とも受け取られている。法人税の大幅減税による財政悪化が考えられるからである。

トランプ大統領の選挙公約である法人税率15％への引き下げは、平成29年8月になっても、その見通しが出てこない。まず代替財源が見つからないことと、政権与党内の合意ができないことにある。後者では20％半《なか》ばが現実的な落としどころというのが大勢である。財源としては、アメリカ第一主義による関税障壁を設定することであるが、それは国際社会のトップランナーの位置を捨てることを意味している。そして21％で決着した。

日本の国情に戻ることにする。総務省の『家計調査報告（貯蓄・負債編）』（平成29年5月）によると一世帯当たりの貯蓄高は1、820万円で、前年より0・8％増加し、4年連続して増加している。このうち勤労者世帯では1、299万円で、前年比10万円の減少となっている。また、貯蓄保有世帯の中央値は1、064万円である。ただし、この「貯金には、預金や生命保険も含まれている。預貯金を「通貨性預貯金」と呼んでいる。先に触れた「タンス預金」が含まれているかは不明である。2人以上の世帯における平成28年の平均1世帯当たり負債残高は507万円で、前年に比べて8万円の増加となっている。このうち勤労者世帯では781万円で、前年に比べて26万円の増加となっている。

つぎに2人以上世帯について、貯蓄現在高の世帯分布をみると、平均値を下回る世帯が67・7％を占めている。きわめて単純ないい方をすれば、20％の人が80％の預貯金を保有し、80％の人たちが残りの20％を保有し、分け合っているという図式である。もう1つ付け加えるならば、ごく一部の人たちが100億円以上の預貯金を保有している。他方、相当程度多くの人たちは預貯金がゼロである。

3　国の財政事情

日本の財政状態は（表1）「国の貸借対照表」でみる限り、マイナスの純資産額（企業会計上の利益剰余金）は、平成23年3月末の418兆円から平成27年3月末の492兆円と4年間で74兆円、17・7％も増加している。平均年間増加額は18・5兆円である。総資産に占めるマイナス純資産額比率は同一期間に△66・9％から△72・4％に増加している。政府債務のGDP比率は240％を超えて、先進諸国中、最悪となっている。平成25年12月現在、日本に続く国は、ギリシャ（176％）、レバノン（150％）、ジャマイカ（150％）、イタリア（140％）である。他方、アメリカは120％程度である。

先進国の政務債務が膨張している。世界経済のリスクが高まるのを防ぐために、2010年（平成22年）6月に、20カ国・地域（G20）首脳会議（トロント・サミット20）は、「財政再建目標」を提示した。そこでは「2013年に少なくとも財政赤字を半減し、16年に政府債務のGDP比を低下させること」を目標として合意された。ここでは日本に対する重要なことが決議された。巨額の政務債務を抱える日本は「例外扱い」とされたという事実である。この時に日本政府は、基礎的財政収支（PB）のGDP比を、2015年度（平成27年度）において2010年度（平成22年度）比で半減し、さらに2020年度（平成32年度）

には黒字化することを「国際公約」とした。当時の政府に、その覚悟があったのか、不明であるが、世界のなかの日本としては、そう公約しなければならないほどに追い込まれていたという背景があった。しかし、それから7年経過した平成29年現在、日本はそれを達成していない。達成に向けた努力もしていない。

ともかく、この例外扱い（優遇措置）は、日本に向って「改善はムリでしょう」といわれているに等しいほどの屈辱的措置であった。それを屈辱として受け入れないことに、すでに日本の政治家と官僚もしくは国民に「問題がないのか」歯がゆい心情を抱いている。というのは、その後の政府の動きは「政府債務の圧縮」に効果的な努力を行っている気配がないからである。また、国民も静観していた。独り財務省が引き締め努力を行っているが、他の省庁は「予算の拡大化」に眼を向けていることもあって、なかなか、達成できるような社会的、経済的、政治的環境になっていない。

なお、欧州連合（EU）では、ユーロ圏への参加要件として、参加国に対して財政赤字をGDPの3％以下にすることを約束させている。ドイツは2015年に財政均衡を実現している。好景気に支えられて税収が伸び、財政赤字が解消したことによって、公債を発行しなくても歳出をまかなえることになったからである。現在、EUにおいてドイツの一人勝ちとなっている。しかし、EUでは、別の大きな問題が発生した。それは「イギリスのEU離脱問題」である。その背景には、解決しがたい難民問題がある。難民は、主としてこれまでイギリスの植民地であった国、地域からの移民である。この移民の増加が、イギリス政府の歳出とイギリス国民の就職問題に大きく影響しているからである。

それはそれとして、ともかく、ギリシャ、イタリアやアルゼンチンは、自国の国債を海外の金融機関が購入していて、対外債務が増加している。そこに重大な問題（国家リスク）がある。日本は海外債券、とくにアメリカの財務省債券を巨額に保有している。日本の外貨準備高は平成25年現在1兆2、３３１億ドル（約１３６兆円）もある。他方、ギリシャは60億ドルである。日本とギリシャなどの債務問題諸国との間には、ここに本質的に異なる重要な問題がある。ギリシャの場合、主としてドイツとフランスの大手金融機関が巨額のギリシャ国債を購入しているので、ギリシャがアルゼンチンのようなこと（債務不履行）になったら、金融機関は有価証券評価損を計上しなければならないという損失リスクが発生したのである。

その保護（リスク回避）のためにもギリシャを支援する必要が欧州連合（ＥＵ）にあった。金融機関の収益圧迫は、格付けの低下を招き、資金の調達（金利の上昇）に支障が生じる。ともかく、金融支援にも限界があって、ギリシャ国債の元本カットが行われた。しかし、その後のギリシャの国家経済は大きく改善されることはなかった。国民の「勤労姿勢の怠惰性」が改善されなかったからである。むしろギリシャ国民は、ＥＵに対して支援の強化を訴えている。そして、現在、フランスの大手金融機関は、この金融リスクにさらされている。実際、損失リスクの引当を行っていることから大きく収益力を低下させている。

日本の場合、日本の国債を購入しているのは、日本の国民である。ギリシャやその他の国々とのその違いは大きい。国民が預け入れる銀行預金を通じて銀行などの金融機関が購入している。しかし、それにも限界があらわれ始めている。国民の貯蓄率が減少している。高齢者が所得の減少を原因として、貯蓄を取り崩して、生活費に充て始めているからである。また、大手銀行が、国債リスク（金利の上昇、その結果としての国債価格の下落）が高まってきたことから、国債の保有残高を縮小させている。

代わって購入しているのが日銀である。平成29年3月20日現在の日銀の国債保有額が423兆円にまで高まっている。平成27年度末から20％増加している。また、日銀の株式市場への影響も高まっている。平成28年度の上場投資信託（ＥＴＦ）購入額は前年度比86％増の5兆5，870億円となっている。日銀は株価下落のリスクを負っているが、他方において株価の下支えの役割を担っていることにもなる。

日経の「景気指標」は、2013年（平成25年）度の「家計の貯蓄率」が1980年（昭和55年）度以降で初めてマイナスになったと報じている。ここに日本は「財政赤字」と「貿易赤字」の双子の赤字が生じているが、最近になって、政府部門の財政赤字をまかなってきた「家計の貯蓄率」が減少していることを問題視している。日本国債の購入の担い手の力が衰えてきていることを意味するからである。この改善は急務の課題であるが、平成28と29年の貿易収支は黒字になっている。また、貯蓄率は別として、金融機関に対する預貯金の残高は増加しているから、しばらくの間は、購入資金が枯渇する心配はないようである。

しばらくの間というのは、現在、証券市場に参加している個人投資家の65％が60歳以上で、壮年期世代の参加者が少ない。65％の世代が交代し、次の世代がこの金融資産を食いつぶすようになれば、資金が枯渇するということであるが、もし新たに資金の提供者として市場に参加してくるならば、日本の将来の憂いは鎮まることになる。

4 国の年金政策と年金資源の消滅

国の債務のもう1つの重要な項目が（表1）「国の貸借対照表」のなかの「公的年金預り金」である。平成27年3月末で114兆円が計上されているが、平成23年3月の124兆円から4年間で10兆円減少している。この数字の傾向的減少はきわめて重要なことである。将来に向かって年金支給額が増加していくことが予想されているのに対して、その基金ともなるべき「公的年金預り金が減少している」からである。現在世代（年金資金支払者）が高齢者（年金受給者）の年金給付金負担者であるという構図に問題があったというべきである。

単純に計算すると、年間2・5兆円の減少となる。これを前提に試算すると45年～46年間で枯渇することになる。

また（表2）「国の業務費用計算書」を見ると厚生年金給付金を含む社会保障費（小計の欄）は53兆円から55兆円に2兆円増加している。この53兆円から55兆円の金額は、歳入の主要な税収を少し上回る金額で、国の税収をもっても、毎年の社会保障費をまかないきれていないことになる。この事実は「国家存亡の危機」を意味している。団塊世代が後期高齢者になってくると、年金支給額や医療費負担が増えていくことが予想されているからである。

昭和22～24年の第1次ベビーブーム（これを「団塊世代」という）の時期の年間出生者数は各年270万人弱で、昭和46～49年の第2次ベビーブームの時期は各年200万人強であった。それが平成25年には103万人、同26年には100万人になり、同27年は前年比多少増加したが、ついに同28年には100万人の大台を割り込み98万人となってしまった。同29年も100万人未満と見込まれている。

もう1つの重要な経済的事象は、若い世代の収入が低いことと、将来に向かって増加していくことが望めない社会環境にあるということにある。つまり「アベノミクス」といわれ、多少、望みが出てきた時期がある。しかし、短期間にその期待は消滅した。消費購買力が上向かず、デフレからの脱却が期待するようには達成しなかった。消費市場に参加していく世代である独身給与所得者（若い世代を想定）で、毎月の給与が20万円台として、その約10％が厚生年金保険料として差し引かれるのは、大変負担の大きいものである。そのほかに健康保険料、所得税、住民税が引かれるので、手取り収入額は単純に計算して80％程度になってしまう。このようなことからも消費が向上していかない理由とされている。

厚生労働省の平成26年度版『厚生年金・国民年金事業の概要』（平成27年12月）によると、公的年金加入者数は、平成26年度末現在では6、713万人、前年度比4万人の減少となっている。他方、公的年金受給者数（延人数）は平成26年度末現在では6、988万人、前年度比187万人増加している。このように「公的年金加入者数の減少」と「公的年金受給者数の増加」はきわめて重要な国家的課題である。

これより先に、厚労省は、平成24年3月事業年度には、公的年金支給額が52・2兆円になると警告的内容を報じていた。団塊世代が年金受給者に加わり、受給者数が対前年比1・9％増加して3、867万人になったことが大きく影響していると説明している。ただし、ここで問題があるのは、この日、厚労省が発表した国民年金に関する調査によると、国民年金の保険料の納付率は58・6％でしかなく、滞納者の滞納理由が「経済的に支払困難」というのが74・1％と高い事実（社会的環境）にある。さらに、次なる問題で解決困難な課題がある。この人たちがいずれ生活保護対象者なってくるという現実にある。

日経は「医療・介護など社会保障費の膨張が止まらない」として、厚労省が発表した「国民医療費」を取り上げている。平成25年事業年度には40兆円を突破すると警鐘を鳴らしていた。戦前までの日本は、平均寿命は40歳代だった。それが戦後とくに昭和40年代の高度経済成長期を超えた時期から平均寿命が延びてきた。その要因としては、上下水道などインフラの整備が進み衛生環境が向上したことや医療環境（医薬、医術、医療機器など）の向上などが挙げられる。そのため長寿高齢化社会が進み、その保障費が増大している。また、非正規雇用者などの増加による非保険加入者の増大が、事後的医療費（初期治療を行っていないため）の増大を結果していく傾向にある。そして、彼らは、国民保険料などの滞納者もしくは国民皆保険の未加入者となっている。

国民医療費のほか、生活保護費も増大している。この同一類型にホームレス生活者がいる。生活保護家庭に対する給付は、憲法第二五条（国民の生存権と国の社会的任務）に基づいて設けられている。この生活保護は第一条（目的）において「国が生活に困窮するすべての国民に対し、その困窮の程度に応じ、必要な保護を行い、その最低限度の生活を保障するとともに、その自立を助長することを目的とする」と定めている。この規定のなかで「自立の助長」を謳っているが、難しい現実がある。東京都では、就業訓練を行い、就業機会を設けているが、彼らは耐性限界が低いのか、長く職場に従事することができず、短期間で離職しているケースが多く、その結果ホームレス生活に戻っていく。

平成24年3月31日現在、全国の受給者は2、108千人で、給付総額3・7兆円である。その費用の75％を国が、25％を地方自治体が負担している。なお、受給者の査定と給付事務は自治体が行っている。ここにも問題が発生している。生活保護の受給有資格者であるにもかかわらず、査定で拒否された困窮者が、最終的に餓死しているケースがある。また、他方では、申請者が窓口に来て受給資格を得たが、帰りのバス代がないと訴えた者がいた。見かねた市の担当職員が、規則上、規程違反であることを承知した上で、バス代を個人的に貸与しているケースもある。この場合は、市の取扱規程に欠陥があったものと考えられる。

いずれにしても、生活保護費を含む社会保障費は、中央政府と地方政府に大きな負担を強いている。とくに、地方自治体は「平成の大合併」によって、3、232団体あった市町村が1、727団体に減少した。地方議員数も減少しているなど、一部の歳出が減少しているとしても、多くの自治体が、国による合併奨励金である特例処置「合併算定替」による「不要不急な施設」を建設したことなどから、その維持管理費用の負担が重くのしかかってきているなどの弊害が発生している。

5　国防予算と情報収集活動

これまで見てきたように、公的年金、医療費、生活保護費などの社会保障費が増加していく傾向にある。容易に「歳出削減」ができない固定的経費・義務的経費が多いことから、中央政府と地方政府ともに財政的に苦境にある。そのほかに、これまで触れてきたところである「防衛費」に関してであるが、これまでほぼ横ばいできているとしても、近隣諸国との軋轢を考慮すると、「国防（防衛力の強化）」の観点から、増強していかざるを得ないと考える。近年・日本を取り巻く周辺国家の威嚇行為が強まっていることから、「安全網が破られかねない緊張感」が高まっているからである。現実に、平成30年度の国家予算案のなかの防衛費予算額は増加している。

日本政府の行動も、決して「国民の安心・安全な生活を守る」ことに対して、十分であると、国民は感じていない。不安な人生を送っている。その背景には、いくつかの問題点がある。田中秀明は『日本の財政』のなかで、「財政再建過程で財政ルールなどが導入されても、政治家や官僚たちに、それを守るインセンティブは一般にない。当初はルールを守る意思が働いても、それは長続きしない。常に支出増や減免を求める政治家の前では、ルールは常に破られる運命にあるからだ」と国政の現状を批判している。また、村松岐夫《みちお》が『日本の行政』

のなかで、外交活動の問題に触れて「政党内事情でも、官僚制事情でもない日本国家の情報不足の問題である」ことを指摘している。ともかく、外交上の諜報活動が極端に弱いのが、現在の日本の現状である。先手を取れていない。後手後手に回っている。先進諸国の中で、先頭集団としてリードしていけるような基盤整備がととのっていない。なお、多少話が逸《そ》れるが、「国家財政の健全化指標」においてさえ、中国や韓国のワンランク下位の評価となっている。次に情報収集能力と行動力について、一言、触れておきたい。

まずは、昭和60年8月12日に起きた日本航空123便の御巣鷹山事件に関してである。墜落した後の約19分後ころ、アメリカ空軍の輸送機が、事故現場付近の山中に「大きな火災を発見した」と航空自衛隊中央救難調整所に通報があった。その7分後、航空自衛隊の百里基地を緊急発進した戦闘機2機も墜落現場の火災を発見した。この通報によって百里基地救援隊の救護ヘリコプターと救援調整本部の要請を受けた航空自衛隊から教護ヘリコプターが現場付近に到着した。アメリカ空軍からは「生存者がいるようである」との報告があった。しかし、日本側は生存者確認できずとして、実際は赤外線暗視装置などの本格的な夜間救難装置がないことなどを理由に、事故当夜の救護員を投下させる救援活動を行わなかった。真夏の暑い時期であっても、事故現場は2、000m近い山の斜面地である。夜の寒さは厳しい。助からない（凍死の可能性）と考えるのも無理なからむ判断とされている。

青山秀子は『日航123便　墜落の新事実』のなかで生存者が近くにまで飛来してきたヘリコプターが遠くへ去っていくのを見ていたという事実を証言している。「関係者からの情報によると当日は習志野駐屯地の第一空挺団も待機命令で準備をしており、日頃夜間訓練も行っていたことから、実際に行ける状態であった。米軍の海兵隊は、人命救助を第一に考えてすぐさま行動を起こし、墜落現場の真上までヘリコプターでたどり着いていたにもかかわらず、「日本側が救助に行ったから」という命令が出ていることで帰還した。…しかしながら、日本側の救助の飛行機が来たという発表はない」と日本政府の情報収集力とそれに関連する「分析力と行動力」を批判的に指摘している。

次が、いまさらの話しであるが「金大中事件」に触れておきたい。韓国の金大中元大統領（大統領になる以前の事件）は、昭和48年に東京のホテル・グランドパレスから拉致され、韓国に連れ戻された。この事件について日本政府は、アメリカから金大中が拉致され、現在、韓国艦船に乗せられ、対馬沖を航海中であるとの連絡を受けた。日本はこの拉致の事実さえつかんでいなかった。その後の大統領時代の功績により、金大中は韓国唯一のノーベル賞（平成12年）受賞者となった人物である。韓国政府は当時の政府が「日本政府の主権を侵害したことを公式に認めた」が、日本政府は強く侵害行為を批判すべきであったが、拉致事件を阻止できなかった当時の警察の監視機能の弱点を恥じてか、韓国政府に対して、特段強い抗議をしていない。岸田徹は『いまさら「金大中事件」の表と裏』（岸田コラム）のなかで「この裏には日本の情けない実情が透けて見える重大な一面がある」と強く批判している。

中国は軍事予算を他の予算よりも大幅に増加させている。その戦略の矛先は日本である。杉山徹宗は『中国の軍事力　日本の軍事力』のまえがきのなかで「2013年3月に開催された『中国人民代表大会（全人会＝国会）』において、中国政府は今年度の国防予算を、25年連続で2桁増となる」と説明している。この公表額以外に8・7％増の11兆5400億円計上されている。このなかには国防予算に含まれるべきものがあり、国際社会への影響を考え、国防予算を低く見せる政策的配慮がある。現実的な見方をすれば、中国の防衛予算は領土拡大のための「侵略予算」の意味合いが強い性質を持っている。

また、古森義久は『迫りくる「米中新冷戦」』のまえがきのなかで「いまの日本は戦後でも最大の国家危機に直面しているといえる。中国が軍事力の大増強を続け、日本への脅威を急速に増大してきた」として、強い懸念を示している。問題なのは日本の国家事情である。世界平和を唱え「戦争反対」の声が高まっている。どこの国の国民も、大多数の国民は平和を願っているはずである。しかし、戦争を望んでいる国家首脳陣が権力をもって軍備の拡張を行っている限り、戦争リスクの回避は困難な現実である。

中国も韓国も、日本が国防予算を増加させると、ただちに強い反発と批判を示すが、自国の国防予算の増加に対しては、なんの反応も示さない。他方、日本の政府は、靖国問題と同様に「内政干渉」であるが、これらの国に対して内政干渉として批判すらしていない。世界のなかでの日本の立場を、世界の国々に理解させる努力すら行っていないと危惧している。

そのようなことから「国民の意識として危機感がない情勢にある」ことが最も重要な要点となっている。その観点について、杉山は「日本は戦後、米国との間に安全保障条約を締結し、日本国憲法では禁じられている外国軍との交戦を米国に任せている。だが日本のように、自国の防衛を外国に依存している国家や、軍隊を持たない国家は、国際社会に195ヵ国もある中で、バチカン市国や超ミニ国家など5ヵ国しかない」と日本政府と国民の意識を批判している。国家の存続において「自己防衛」が基本であり、「他人依存型国家の永命権力」は危うい防衛認識と考える。そのため、多額な防衛予算が必要になってくる。最後に、本稿での問題意識は、政府債務が巨額になっている現状から、その健全化が必要と考える立場にあるが、「国防」という視点から観れば、歳入と歳出の両方において、「財源を必要としている現況」を明らかにしたものである。

6　国家財産の活用

とかく問題とされているのが「国の債務」であるが、同時に「国の財産」にも配慮すべきで、とくにその有効活用が問題とされるべきである。そのためには保有している「財産の状態」を知る必要がある。（表1）「国の貸借対照表」に見られるように国は巨額の資産を保有している。そのなかでも「有価証券＋貸付金＋運用預託金＋出資金等の運用資産」が、検討されるべき重要な資産であることは確かなことである。

貸付金や資産出資金は、主として独立行政法人などに対するもので、独立行政法人の民営化による回収が可能である。しかし、ＮＴＴやＪＲ、そして日本郵政のように民営化し、株式を上場したとしても、国に資金が還流したことは確かであるが、政府債務は余り減少していない。「焼石に水」のごとくである。それ自体問題であるが、それがなければ、もっと巨額に国家債務が膨らんでいたことになる。

国の財産に眼を向けているのが高橋洋一で、著書『日本は世界一位の政府資産大国』のなかで、「国の債務」については国の資産と負債の関係比較の視点から「問題がない」と主張している。ただし「国の財産」のなかには、その多くがそうであるが、処分不可能資産がある。なお著者は別の視点から「埋蔵金は各省庁の外郭団体、独立行政法人にも眠っている」

ことを主張している。また「郵政民営化を例にとれば、郵貯の資産２００兆円が国の資産から外れるものの、同時に郵貯が抱えていた国債が減る。民営化された郵政は黒字になり、税収にも寄与する」と説明している。

日本の場合、平成27年3月現在、負債総額１、１７２兆円に対して、資産総額が６８０兆円である、資産の対負債比率は58％である。これに対して、高橋によれば、アメリカの場合、負債18・85兆ドルに対する資産は２・72兆ドルであるから、その比率は14・６％（２０１２年２年9月現在）である。アメリカの負債は日本の１・７倍であるが、資産は日本の半分しかないことから、日本の財政問題は「心配することはない」という。

比率分析も重要な財務指標であるが、問題は絶対額の中身（質）である。その上での有効活用の実態的分析である。そして、現実的な問題としては、国の債務が毎年のように膨らんでいるという事実である。厚労省は、「平成30年度予算の概算要求額」をまとめた。要求額は31兆４、２９８億円で、前年度の当初予算額の２・４％（約７、４００億円）の増額になっている。膨張が続く社会保障費に歯止めがかからないことが影響している。

日本を取り巻く安全保障環境の厳しさから防衛費予算額も増加している。次期中期防衛力整備計画で歳出予算増額の圧力が加われば、さらに増加していく。現実に平成29年度の防衛関係予算額が、過去最大の５兆１、２５１億円に伸びている。さらに、アメリカのトランプ大統領による日米同盟強化に基づいて負担増額要請による増額が見込まれている。その背景には、「東アジア地区の緊張感の高まりへの備え」が必要になってきていることのほか、アメリカが「世界の警察官」ではなくなってきたというアメリカの相対的戦力の低下がある。財政の健全化のためには「歳出の削減」が不可欠であるが、各省庁の要請（予算折衝）にそれが効いていない。むしろ、予算要求額は増加していく傾向にある。予算の削減は担当者の責任問題になることさえある。そのため、硬直的予算編成（調製）となり、弾力的予算の配分を阻止している。また、政治家の暗躍（地元への予算誘導行為）がある。財政健全化のためには、田中英明が主張しているように「予算制度は、政治家の利益誘導を図るご都合主義的な行動を抑えるとともに、予算編成をめぐる複雑な駆け引きをコントロールしなければならない」のであるが、現実にはそのように機能していくことはない。

予算は本質的に「支出予算」で、限られた財源の管理手法であるが、予算が不足するから「補正予算」が常に組まれる。村松岐夫《みちお》は『日本の行政』のなかで「一般に予算の機能は、事業計画に対して資金による裏付けを与えることである。これは行政の管理の手段として利用できるが、議会・国民による行政への統制手段にもなる」と記述しているが、どこまで国民が関心を持って予算を監視しているかといえば、はなはだ心もとないのが現実である。

本題に戻ることとして、もう一度（表1）「国の貸借対照表」を見てもらいたい。平成27

年3月末現在、主要な資産は有価証券139兆円、貸付金138兆円、運用預託金104兆円、出資金70兆円、その合計額は451兆円で、総資産の約66%を占めている。負債総額は1、172兆円で、主要な負債は政府短期証券99兆円、公債885兆円、公的年金預り金114兆円、その合計額は1、098兆円で、負債総額の約94%を占めている。

この国の貸借対照表には計上されていないが、国には隠された財産としての「徴税権」がある。ただし、ここではこの財産価値があるとしても、貸借対照表計上能力の観点からみると諸種のかつ十分に検討されるべき問題（とくにいくつかの条件設定）があるので、ここでは評価もしくは計上の可否については触れないことにしている。

また、債務として認識されるべき将来費用（現在時点で認識されるべき将来支出を要する費用）であるインフラ施設整備の更新・補修費用（隠れ債務）も計上されていない。本件隠れ債務は、ここでは触れないでおくことにしているが、世代間負担の均衡負担の観点からも、「特別修繕・更新引当金」等の勘定科目で計上していく必要がある項目と考えている。現代世代が負担していかなければならない一定の資金を国民もしくは住民に知らしめしていくことも行政の責任範囲であると考えている。

財務省の財務書類に注記されている「偶発債務」のうちの保証債務など43兆円のなかで、重要なものは①独立行政法人日本高速道路・債務返済機構に対するもの22兆円と地方公共団体金融機構に対するもの8兆円である。前者は旧道路公団が民営化（株式会社化）するにあたって、事業運営会社である東、中、西の株式会社と資産保有会社（巨額の債務も負う）である機構との4つに分割された。運営会社は道路施設を借用して、使用料を機構に支払い、機構は債務の返済と利息の支払いを負っている。

自民党が政権与党から離脱した時に、野党から政権与党の座を奪った新党は、高速道路の料金を無料にすることを1つの公約にしていたが、真っ先に反対したのが運送会社などであった。渋滞が慢性化し、走行時間が読めないことから計画時間内の運搬ができないリスクが高まるからである。もう1つの問題が、高速道路を利用しない者（企業等法人を含む）も建設費と維持管理費を負担することになり、「便益受益者との間での負担公正性」が大きく削《そ》がれるからである。政治家としての誤った判断とされ、この公約の選挙戦術は期待されたほどの効果は得られなかった。そのため公約の実現には至らなかった。ともかく、自動車のみの通行に限定された道路を「高規格幹線道路」と呼び、この道路は「高速自動車道路」と「自動車専用道路」に大別される。単純に区別するならば、高速自動車道路は法定最高制限速度が時速100kmで、最低制限速度が時速50kmとされている道路である。

主要科目の内容に触れておくとする。「有価証券」は政策目的以外に保有する有価証券である。主要なものは、満期保有目的の国庫短期証券3兆円、満期保有目的以外の国庫短期証券2兆円、外貨証券129兆円、日本郵政株式会社（平成27年9月に上場した後は市場価格で計上する）の株式10兆円である。満期保有目的以外の国庫短期証券2兆円は短期の運用資産であるが、満期保有目的の国庫短期証券3兆円は、企業会計上、社債発行会社が保有する自社社債に相当するものであるならば、負債の政府短期証券と相殺適状科目になる。

そのほかに財務省の有価証券のなかには、株式会社日本政策投資銀行が保有する有価証券2兆円、株式会社日本政策金融公庫が保有する有価証券1兆円が含まれている。以上「附属明細書」より、一部以下同様。また「貸付金」は主に財政投融資特別会計における政府関係機関、各特別会計及び地方公共団体等に対する貸付金である。主要な貸付先は、日本銀行14兆円、交付税及び譲与税配付金特別会計10兆円、株式会社日本政策金融公庫15兆円、独立行政法人住宅金融支援機構11兆円、独立行政法人都市再生機構10兆円および地方公共団体51兆円となっている。

そのほかに財務省の貸借対照表に計上されている貸付金のなかには株式会社日本政策投資銀行自体が貸し付けているもの13兆円、株式会社日本政策金融公庫（国民一般向け業務勘定）7兆円、同（危機対応円滑化業務勘定）4兆円、株式会社国際協力銀行14兆円が含まれている。政治の世界で、時々、取り上げられているのが、これら特別会計（新聞紙上においては「特会」というもの）の貸付金等であり、一般に「埋蔵金」と呼んでいるものの1つである。

また「出資金」のうち市場価格のあるものは、日本たばこ産業株式会社3兆円、日本電信電話株式会社3兆円、市場価格のないものでは株式会社国際協力銀行2兆円、株式会社日本政策投資銀行3兆円、株式会社産業革新機構1兆円となっている。将来の金融行政の視点から考慮すると株式会社国際協力銀行と株式会社日本政策投資銀行の2つは民営化し、株式の上場を検討してもよいのではないかと思っている。

Ⅲ　国交省の憂鬱

1　国交省の提言

これまで「国の債務の大きさ」と「財務健全化の必要性」について触れてきた。現実には、その削減が進められていないこと、その背景として「政治的課題」したがって「歳出増加要請」が強いこと、とくに社会保障費や防衛費の増加傾向について触れてきた。ここでは触れていないが、次世代を担う若者を育成するためには教育研究費の増加も必要とされている。

さらに、上下水道や道路などのインフラ資産が老朽化して、使用不可となっている施設もあって、その補修・更新すべき時期にきているが、「予算がない」ことを理由に、その補修・更新が適切かつ十分な水準に達するほどにまで行われていないのが実情である。借金を増やして行った場合、次世代の人たちに負担を負わせることから「世代間の公平性」に欠けると批判する人たちがいる。しかし、次世代の人たちも補修・更新したインフラ資産を利用するので、その問題（批判）は必ずしも適切ではない。むしろ、必要なインフラ資産を利用できない経済的犠牲のほうが大きいものと考えている。そのため、限られた予算のなかで、優先順位を検討して、インフラの資産の補修・更新を行うべきであるというのが、本章のテーマである。ふるさと納税が人気を博しているように、知恵を絞り、財源を捻出することを検討すべきである。とくに、日本においては、ＯＥＣＤの報告書によると「サービス部門の生産性が低い」とされていることもあって、この部門の生産性を改善するなどして、経済的効果を向上していくことなどが必要とされている。

ともかく、ここでは、まず、「インフラ資産に対する国の方向性（補修・更新への取組）」について触れていくことにする。

国土交通省の「社会資本整備審議会・道路分科会（平成26年4月）」による『道路の老朽化対策の本格実施に関する提言』としての報告文書が公表されている。そこでは、まず「最後の警告」として「今すぐ本格的なメンテナンスに舵を切れ」と喫緊の課題であることを知らしめるとともに、その根拠として「静かに危機は進行している」という現実に対する危機感を表わしている。

その背景には、基本的にはすべてのインフラ施設・整備が老朽化していること、さらに重要なことは既に老朽化していることよりも、むしろ、このまま時間が無下《むげ》に経過していくと、老朽化施設が年々増加していくことから、一層、巨額な資金が必要とされることになるとともに、施設整備が、近未来、倒壊するリスクがあること、並びにそれに関連して人身事故が発生しやすい環境に置かれていることなどが危惧されているからである。

現実的問題としては、社会全体がインフラのメンテナンスに関心を示さないまま、時間が経過していく。そのようなことから、提言書は「国民も、管理責任のある地方自治体の長も、まだ橋はずっとこのままであると思っているのだろうか。この間にも、静かに危機は進行している」と批判している。わたしが思うに、国民も、地域住民も身近な問題として、インフラ施設の老朽化と道路の渋滞などに大きな関心を持っているが、国や地方自治体が効果的に機能していないことから、なかばあきらめていることもあり、地域の行政に冷ややかな眼を向けているのが現状ではないかと理解している。行政の問題としては、政治家が動かない。政治家サイドの問題としては、インフラの新設は集票テーマになりえたとしても、補修はほとんど集票機能が働かないことから、どうしてもなおざりになりがちなのである。

現実認識として「道路建造物の老朽化は進行を続け、日本の橋梁の70%を占める市町村が管理する橋梁では、通行止めや車両重量等の通行規制が約2000箇所に及び、その箇所数はこの5年間で2倍と増加し続けている」ことから、「今や、危機のレベルは高進し、危険水域に達している」といわざるえない。

また「すでに警鐘は鳴らされている」として、笹子トンネル事故に触れている。平成24年12月2日に起きた中央自動車道笹子トンネル天井崩落事故をきっかけとして、広く「インフラ施設の安全性」が問われることになった。笹子トンネル事故では「安全性確認の適切性」が問題とされた。脱落が確認されたトンネル最頂部のボルトについて、打音点検するべきところを、目視点検で済ませていた。足場を作る手間を惜しんでいた。しかも、昭和52年（1977年）の開通以降笹子トンネルの補修工事やボルトを交換した記録はないと報道されている。笹子トンネルは天井板からトンネル天井部まで5・8mもある。笹子と同じ構造ながら高さが半分以下の恵那トンネル（長野県、岐阜県）と都夫良野トンネル（神奈川県）では、5年に1回、打音検査をしていたことから推察すると、手抜きと思われても致し方ない。笹子トンネルでは平成12年（2000年）を最後に金具のボルトの打音検査をしていなかった。倍以上の高さのある笹子トンネルでは、天井が高いため、足場を築き、打音検査をすることによるコストを回避していたのである。

その後の調査で、事故が起きていない下り線でもボルトが緩むなどの不具合が見つかった。この事故を契機に調査した結果、安全性確保のために基本的に4t以上の荷重に耐えられるように設計されていることになっているが、約4tの荷重でボルトの引き抜き試験を行ったところ188本のうち118本が抜け落ちたことが判明している。耐久力不足の原因としては、ボルトを固定する接着剤の量が施行段階で不足していた可能性があるほか、接着材の劣化、ボルトの腐食など想定されることなどが、国交省の調査でわかったとされた。

経年劣化による老朽化調査もしくは老朽化対策が実施されていなかった。この笹子トンネルについては、過去において、会計検査院から「保守点検システムが機能せず、常態化すれば劣化予測などに支障を来す」として、指摘されかつ改善が求められていた。それにもかかわらず、実施していなかったことは、「この事故が人災である」ことを意味している。

事故が起きてからは諸種の保障など事後費用負担が大きくなる。そのためにも、予防の意味での改修工事が大切である。医療、その他の分野では、現在、予防治療などに力を入れている。それが人の健康に良い影響を与えるからであり、また、病状が悪化してからでは診療費用が高くなる。社会保障費の抑制にも効果がある。しかし、国民皆保険制度（この制度も重要なインフラである）があるにもかかわらず、貧困層を中心として、この健康保険に入っていない人たちがいることが問題となっている。

ともかく、このトンネル事故と関係はないが、それがないために大きな経済的損失が起きていることがある。JR東海道線、横須賀線が通っている戸塚駅に近接している踏切は、長い間「開かずの踏切」として有名であった。朝のラッシュ時に、東海道線、横須賀線、貨物線が通過するので、踏切は1時間に数分（3分程度）しか開いていない。そのまた昔のこと、国会の開催時間に遅れることもあって、怒った吉田総理（住居は大磯）はバイパス（いわゆる「ワンマン道路」、現在の「横浜新道」）を作った。この道路は、その後も何回かに分けて改善（一部立体交差化）・改修されてきたことから、利用者の利便性は高まっている。

この横浜新道ではなく国道1号線とJRの各線が交差する「開かずの踏切」が、計画から50年以上経って、ようやく平成26年1月に「戸塚大踏切デッキ」がまず完成した。そして地下化する道路部分（自動車用トンネル「アンダーパス（立体交差）」）は、平成27年3月25日に完成、開通した。この踏切の「走行停止による経済的損失（主として労働従事時間費用）」は計算上、巨額である。経済計算上、こんなに長期の工事とすべきではない。工事に支障をきたす大きな要因は、道路周辺の住民の反対などであることが多い。身近な問題としてとらえていないことや、利便性の効果を享受しえないことによる反発など、家庭内事情や個人的得失などの理由がある。

このような事例による工事の遅延は、日本国内にいくらでもある。都内の環状2号線（俗称「マッカーサー道路」）も、戦後まもなく計画された道路であったが、完成までざっと70年近い歳月を要している。ともかく道路の老朽化の補修も大事であるが、新設工事も必要なのである。首都高速「横浜北線（約8㎞）」が開通したのが、平成29年3月18日である。この開通によって、新横浜から羽田空港まで、時間にして約10分短縮されることになった。従来、大きく本牧ジャンクション、横浜ベイブリッジを経由（迂回）していたのが、ショートカットが可能となったからである。その経済的損失の削減効果は大きい。このようなことから考えると、これらの道路が老朽化して通行不能になったとした場合の経済的犠牲を考えれば容易に理解できる。日本の場合、公共事業は、住民の説得に長時間を要することから、工事費用の高騰が必ずまとわりついてくるという解消しがたい事情がある。

現実的な問題として工事が、なかなか、進捗していかないという重要な問題は、いつの時代でも、首都部やその周辺地区において発生している。他方において、相次ぐ経済対策に盛り込まれた多額の公共事業費が、実際には使われていなくて残されている（予算未消化）という事実がある。多くの公共工事において、賛成派と反対派が生まれる。借地借家の関係において、営業の継続維持（生計の確保）から借家人が反対しているケースが意外と多い。

事業費の未消化の事実関係については、会計検査院から「予算執行状況」について報告されている。その背景には、道路などの保全業務にあたる土木技術職員や見積価格の積算職員が不足しているほか、資材価格や人件費の高騰によって、入札しても落札者がいないという国内の事情がある。そのために補修すべきインフラ施設が、補修されず、使用できないことにもなってくる。

2　道路・橋梁の現況と郡山市の行政

日本国内の道路橋は、全国に約70万橋ある。また、道路トンネルは約1万ある。この道路橋のうち70％以上となる約50万橋が市町村道である。大部分は地方公共団体が管理しているということになる。この橋梁とトンネルの多くは、高度経済成長期以降に集中的に整備されたことから、平成25年現在、建設後50年以上経過している橋梁の割合は18％であるが、その10年後の平成35年には43％に達すると試算されている。また、トンネルについていえば、平成25年現在、建設後50年以上経過している割合は20％であるが、平成35年には34％に達する。

東京オリンピックや大阪万国博覧会などに間に合わせるために緊急的に整備されたものや沿岸部、水中部など立地環境の厳しい場所に整備されたものの多くが、老朽化による変状が顕在化している。阪神・淡路大震災の時に発覚したもののなかには、たとえば人的要因（施工ミス）によるケースもあった。倒壊した高速道路の一部では、橋桁《はしげた》の骨格部分へのコンクリートの流し込みに時間の間隔があって、継ぎ目に不具合があったことなど、いくつかの急ぎ働きが行われていたことが判明している。国交省の平成27年1月1日現在の調査によると、全国の高速道路の上に架かる跨道橋《こどうきょう》5、798本のうち6・6％に当たる383本について、まったく点検が行われていなかったことが判明した。

その一方、適時適切な補修・補強が行われているものについては、建設後80年以上経過していたとしても、大きな損傷なく使用されているものがある。たとえば、東京オリンピックの開催に間に合わせて造られた首都高速道路は、阪神・淡路大震災を教訓に、補修・補強工事が行われている。主要な工事は、橋桁の補強であり、橋桁の周囲に鉄板による囲い込みをすることなど、あるいは橋梁については、地震で橋がずれても、大きく落下することのないように橋梁の下部と基礎部分の上部の間に数十本の鎖を打ち込むなどの工事である。

このような工事は鎖に余裕をもって設置しているので、外れたとしても30㎝程度落下するだけで済み、大事に至らないようにつくられている。このような補強・補修工事を行っていたとしても、すべてに施されているわけではないので、たとえば、トンネル内におけるコンクリート片の落下や道路照明柱や信号機が腐食するなどの影響を受けた事故や不具合が、毎年、日本の国内のどこかで発生している。道路工事ではないとしても、過去に、JR西日本の新幹線トンネル内で数メートルに及ぶコンクリート造りの天井部分の一部が剥離して落下した事件があった。建設当時、完成を急ぐこともあって、真水で洗浄するとしても、普通、工事では使わない海砂を使用した土木工事部分があり、当初から危険視されていたものである。

財政的問題が大きな障害になっていることから、必要とされる資金の手当てがなされていないという状況にある。国と地方、いずれも毎年一般会計予算が増加しているにもかかわらず、インフラの補修保全予算が縮小している傾向にある。提言書においても「直轄国道の維持修繕予算は、施設の老朽化に対応するため、本来ならば増やすべきところ、国の公共事業予算の減少に合わせて、最近10年間で約2割減少している」という。平成16年度の当初予算が3,202億円であったものが、平成25年度には2,515億円に、21・5%の減少となっている。最大の要因が社会保障費の増加である。少子高齢化による社会保障費に予算を振り向けていることから、公共投資の予算が削減されていることになる。その結果、将来「何が起こるか」わからないインフラ整備の削減の及ぼす影響は計りしれない。

このように財政的な厳しさから、とくに市区町村の約70%が新規の公共投資が、財政的に困難になっている。約90%が市区町村において「老朽化対策予算」が不足している。そのため安全性に支障が生まれている。事故による危険性の発生だけでなく、通行止めなどによる利便性の障害が起きている。

小規模の地方自治体では、橋梁の架替工事など比較的大規模な工事は複数年にわたることから、現行の予算制度(単年度決算主義)上、困難である。さらに現実的な問題として、財政面以上に「人的資源の問題」が浮き上がってきている。町の約50%、村の約70%において、橋梁保全業務に従事している土木技術者が存在していないという。そのようなことから地方自治体が作成している『橋梁点検要領』に従って実施することとされているが、「遠望目視」

の点検でさえ、実施しているのが約80％でしかない。遠望目視の「点検の質（効果）」が問われている。どこまで腐食やボルトなどのゆるみなどの不具合を発見できるのか疑問である。最近では、ドローンを利用した点検が行われるようになったということであるが、それはほんの一部であり、大きな広がりを見るにはまだだいぶ先になる。その間にも、施設設備の経年劣化による施設設備の損耗化は進んでいく。

さらに重要なことは「地方公共団体が管理する橋梁の約半数は建設年度が不明で、『道路台帳（橋調書）』の作成が不十分」あるいは「橋梁設計図書を保存管理していない道路管理者も多数存在している」ことにある。そのため、維持管理費用の見積計算が不可能な状況になっている。本質的な問題は、「将来費用が試算されていない」ことであり、その結果「隠れ債務」を把握するすべさえないという重要な問題が隠されている。提言書は、このような事実に対して「自らが管理する施設の規模、状態等を把握できていない場合があることを示しており、維持修繕・更新の重要性についての認識が低い」と強く批判している。

現在のところ各地方自治体は、将来必要とされるインフラ資産の維持・保全に必要な将来費用を計算し、予算化する段階にはいたっていない。市町村において整理されているべき「道路台帳」さえ作成していないような市町村があるような状況では、それを期待するほうが無理である。しかし、インフラ資産の老朽化が進んでいる現況、不可欠なことである。過日、郡山市長は講演のなかで、今後30年間に必要とされる将来費用を試算していることと、資金調達に向けた取り組みを行っていると説明している。このように前向きな地方自治体、自治体というよりも「首長の行政方針」であると思われるが、取り組みを行っている地方自治体があるということを他の地方自治体は認識を新たにすべきである。

郡山市が作成し、HPに公表している「各会計合算財務諸表の概要」がある。平成27年度末(平成28年3月31日現在)の「各会計合算貸借対照表(主に一般会計に特別会計を足した財務書類の意)」には、固定資産として6、680億円(前年対比160億円の増)が計上されている。そのうちインフラ資産は3、787億円(前年対比5億円の増)となっている。インフラ資産の固定資産に占める割合は約57%で、総資産に占める割合は約54%になっている。資産構成上インフラ資産の占める割合が大きく、財務管理上、重要な位置(地方財政上の「富」である)を占めていることを意味している。

しかし、一般企業と違って、地方自治体の富を形成しているとしても、それを売却して一般財源に振り替えることはできないという現実がある。この郡山市が作成した財務諸表は、地方自治法が定める会計ではなく、別に総務省が定める規則・規定に従って発生主義会計に基づいて作成しているものである。しかし、この各会計合算貸借対照表には、先ほど触れたところの「隠れ債務」は計上されていないようである。負債勘定にも、また「各会計合算行政コスト計算書」にも、それらしき、たとえば「インフラ資産保全・維持債務」もしくは「インフラ資産保全・維持費用」などの会計科目は見当たらない。予算化し、将来の資金使途に備えることが必要であると考える。

郡山市は『郡山市公共施設等総合管理計画（平成28年3月）』を発行している。本計画書の目的は「郡山市が保有する学校・市営住宅等の公共施設や上下水道・道路等のインフラ施設の多くは、高度経済成長や昭和40年から昭和50年代の急激な人口増加と都市化に伴い、市民ニーズに応える形で集中的に整備されてきました。このような状況は、全国の自治体においても同様な状況にありますが、今後、これらの施設は、老朽化により一斉に更新時期を迎えることになります。…このため、今後の公共施設等の整備や更新、維持管理等については、施設の老朽化はもとより、人口減少、少子高齢化による施設利用形態の変化や厳しい財政状況を踏まえ、施設の点検・更新・集約化・多機能化・長寿命化等を効果的に、かつ計画的に行うことで財政負担の軽減・標準化を図り、長期的視点で取組んでいく必要があります」と説明している。

本計画書の「公共施設等に係る経費の見込み」については「今後必要とする公共施設の改修・更新費用について、総務省で公表している更新費用試算ソフトを使用し試算すると、現行規模で施設を維持し続けると仮定した場合に必要になる財政支出は、今後30年間で約3，865

億円、年平均129億円になると見込んでいます」と説明している。

先ほど触れた「概要」のなかに表示されている「各会計合算行政コスト計算書」に記載されている平成27年度の維持補修費が年間26億円であるから、129億円はざっとその5倍に相当する金額になる。この129億円は新規整備分に関連するものを含めて計算している金額ではないので、これを含めて計算すると約1・4倍になると予想値を試算している。

インフラ施設（公園を除く）の更新費用も、総務省で公表している更新費用試算ソフトを使用して、同様な計算を行うと、今後30年間で約4、037億円、年平均135億円になると説明している。そして今後、30年間の公共施設とインフラ施設を合わせた全体の更新費用見積額は約7、901億円と計算している。年平均金額は約263億円になる。この約263億円は、年間維持補修費の10倍に相当し、平成27年度の行政費用総額1兆5、198億円に対して、約1・7％に相当する金額である。また、下水道公営企業会計導入後の7年間で計上した普通建設事業費の年平均額165億円の約1・6倍にも達する金額になっている。将来費用を計算することはそれ自体重要なことであるが、「それをどのように利用してしていくのか」という運用がきわめて重要なことであり、行政の運用手腕が問われている。まず住民に広く理解してもらうことが必要である。財源の拠出者（納税者）が住民であり、インフラ資産の利用者（便益受益者）が住民であることからすれば当然のことである。

3　国交省の方向性

国交省の「社会資本整備審議会・交通政策審議会技術分会（平成27年2月）」がまとめた『市町村における持続的な社会資本メンテナンス体制の確立を目指して』という報告書がある。本書では「我が国の社会資本ストックは高度経済成長期に集中的に整備され、今後急速に老朽化することが懸念されている。社会資本の維持管理・更新については、国のみならず、社会資本の大部分を管理している地方公共団体を含めた、我が国全体の大きな問題となっている」とした上で、①今後の基本的方向及び各主体の役割、②市町村の体制強化、③国・都道府県等による技術的支援について「今後の方向性」と「実施すべき具体的施策」をまとめたと報告している。そして「市町村を取り巻く維持管理の現状」については「社会資本を的確に維持管理し、生活及び社会活動の基盤となるサービスの提供を確保することは、将来にわたって活力ある地域社会を維持するために必要不可欠である」とした上で、以下のように現状分析を行っている。

国には直轄事業があり、この事業は「国が決定し、実行する事業」で、その中には道路、河川・ダム、港湾などの主要な事業がある。また、地方自治体が行う事業の中にも、国が費用の一部を負担する補助事業がある。国と地方は、このようにお互いに事業を分担して行うことがあったとしても、国と地方いずれか一方がすべての費用を負担するわけではない。そのため管理・運営上の費用負担と責任の所在の問題が関係してくる。保全・補修の費用負担も同様である。さらに、国の直轄事業といっても、費用のすべてを国が負担することは意味せず、地方自治体が費用の2分の1もしくは3分の1程度を負担する仕組みになっている。

国交省が所管する社会資本、いわゆる「インフラ資産」には、地方自治体が管理する施設・整備が以外と多いのが実情である。道路橋では、約70万橋のうち、都道府県・政令市は約18万橋（約26％）、市町村は約48万橋（約69％）を管理している。近い将来、日本が高度成長期を謳歌していた時期以降に整備・築造されたインフラ資産が急速に老朽化（経年劣化）し、橋梁やトンネルについては既に触れたところであるが、最近多く発生している洪水被害に関係する下水道管きょについては、建設後50年以上経過する施設の割合は、約1万km（約2％）であったものが、平成25年には約11万km（約24％）にまで増加している。ゲリラ雨による洪水被害は、地球温暖化などの自然現象によるものが多くなったと説明されているが、人為的要因による被害の拡大化が大きいものと考えられる。

近年、毎年のように風水被害が起きている。通常、「天災」もしくは「自然災害」と呼んでいるが、場合によっては「人災」と考えられるケースが起きている。そこに人工物があったり、災害警報などの遅れがあったりしているからである。また、平成26年の夏のように複数の被害が発生していることがある。とくに大きな災害事故は、広島の土砂災害や京都・福知山地区の水害被害である。広島市北部（安佐南区）の大規模土砂災害は、もともと、危険区域とされていて、これまで居住地区とはされてこなかった地帯であった。人口の増加によって宅地開発が進み、居城する住民が増加していったところである。実際、この近くで数年前にも、土砂災害が発生していることもあって、生活（居住）危険区域であった。そのためいずれ近い将来、同様な被害が発生する可能性があると注意されていた地域であった。

この災害においては、山際に100棟余りの住宅がひしめいていて、とくに八木ケ丘団地では28棟が全壊している。広島市の宅地開発指導課の担当者の説明では、昭和43年に「開発の許可制度を定めた都市計画法」ができる以前から、新居を構えたい人にとって「郊外の最適地」のひとつであったことから、多くの人たちが住むようになった。この辺り一帯に分布する真砂土は、粒子が粗く、もろいことから崩れやすい土質になっている危険地域であった。経済成長と土地開発のあおりを受けて危険地域まで、開発が拡大されていったとするならば、単に自然災害とはいえない。

少し古い話になるが、ある年の7月に発生した台風により、長崎市内で大洪水による大きな被害が起きたことがある。これまで長崎市内では起きたことがなかった大洪水被害であった。観光の名所のひとつとされていた眼鏡橋も損壊した。新聞報道では、大雨が原因とされていたが、実際のところ、眼鏡橋が架橋されている河川の上流地域が宅地開発が進んだことによって、これまでは降雨が土壌に浸透していたのが、道路網と下水道施設が設備されたことによって、雨水が直ちに流水になり、河川の容量を超えて流れ出したのが、主要な要因であった。このような災害に関連して、問題点を以下のように2点にまとめることができる。

① 人材と財政上の問題

現在、市町村が的確な維持管理を実施していく上で、人員面（技術者）、財政面での課題が存在する。まず、人員面については、市町村における土木部門の職員数は、平成25年4月1日現在約9万人となっており、17年間で約3万人（約27％）減少している。インフラ資産の維持管理・更新業務に従事している職員数は、とくに市町村で減っており、5人以下の市町村が多く、小規模な市町村ほどその傾向が顕著になっている。そのため人材不足によるインフラ資産の補修などの工事が遅れていることがある。

そのような苦境は、財政規模による影響格差がある。とくに財政面については、景気後退や人口流出などの影響によって歳入予算が減少し、他方、社会保障費などの経費が増加していくことから、歳出抑制が余儀なく求められるなかで市町村の歳出に占める土木費の割合は継続的に減少している状況にある。そのため必然的に、人件費の抑制につながり、必要な人員を配置することができないという事情がある。

② 情報共有化の問題

先の報告書では「市町村の体制強化」を詠い「市町村は、施設の管理者として、責任をもって自ら持続的に維持管理を実施できる組織体制を計画的に構築していくことが必要である」とし、その基本的な建前から「あるべき論」を記述している。しかし、技術職員が不足している上に求められる技術が高度化していることから、専門技術者が絶対的に不足している。しかも財政状況も厳しいため、単独の市町村では技術職員を新たに雇用・育成することが困難になっている。さらに重要なことは、行政の縦割り社会の弊害もある。不足する技術職員については、相互に派遣（民間企業では、これを「出向」と呼んでいる）するなどして「情報と技術の共有化」を図っていくことが必要であると考える。その上で肝要なことは「それをどう生かすか」という行政の在り方にある。

現況を鑑みると、近接の地方自治体の横の連携が効率的・効果的に行われていくような仕組みができていないといわれている。しかし、洪水被害などは、行政単位で発生するものではなく、ひとつの河川を取り上げれば、当該河川の流域に関連する複数の地方自治体が関係していることから、関係する地方自治体が一体（共同）として検討し、対策を講ずるべきである。最近にいたって、利根川流域の地方自治体が集まって洪水被害対策を協議する機関を設けたが、その場合でもリーダー（意見の統合と決断）と責任の所在（費用負担）について、利益を共有することができるのか不明とされている。

また、ひとつのケースを取り上げてみると、各々の置かれた事情があることも確かなことである。ここでは熊本地震と長期間断水状況について触れてみると、その事情の一端を理解することができる。熊本県内の基幹水道管の耐震化率（耐震適合率）は、平成26年度末現在、全国平均の36％に対して25％と低かった。さらに約90％の世帯が断水した益城町の耐震適合率は5・2％でしかなかった。それは湧水が豊富であったことから水道への依存意識が低かったことによるとされている。

4　海外の災害状況

2005年（平成17年）8月末、アメリカ・ニューオーリンズに巨大ハリケーン・カトリーナ（台風）が襲来した。被害総額約4兆円である。巨大ハリケーンの来襲が予想され、災害注意報もしくは避難命令が州政府から発信されていたが、住民が対応する用意・仕組みが構築されていなかった。そのため被害の甚大化をもたらした。ニューオーリンズは、アメリカのなかでも、所得下位層の州民が多く住んでいる地域であったことも災《わざわ》いを大きくした理由であった。たとえガソリンがあったとしても、乗用車やトラックなどの避難手段を所有している者が少なかったため逃避行動には限界があった。そのような経済的・生活環境条件が被害を大きくした。

ハリケーン・カトリーナの強さは、最大時で最高のカテゴリー5で、ルイジアナ州ではポンチャートレイン湖に面するニューオーリンズが壊滅的な被害を受けている。ニューオーリンズでは、湖と工業水路のいくつかの箇所で、堤防が決壊し、市内の80％が水没するという被害に遭《あ》っている。ニューオーリンズの巨大ハリケーンによる危険性は、何年も前から専門家によって政府に警告され、前年においても連邦緊急管理局（ＦＥＭＡ）の災害研究で、その危険性は明確に指摘されていたのである。にもかかわらず災害対策（公共投資）は実行されず、死者1，330人、被災世帯250万という大被害を出してしまった。

そのためアメリカはＦＥＭＡの体制を強化した。土屋信之は『首都水没』の中で「ＦＥＭＡの長官はあらゆる危機に際して、大統領と同等の権限を行使できる体制になっています。軍隊だけでなく州兵、沿岸警備隊、警察、消防など、すべての危機管理組織を動かすこと」ができることから、2008年（平成20年）のハリケーン・グスタフが襲来した時には「ＦＥＭＡははるか南の海上にあるときから活動を始め、上陸の3日前に大統領とともに、ルイジアナ州に非常事態宣言を発令」するなどの対応をとった。そのため「ハリケーンの上陸の12時間前までになんと190万人の避難を完了」させることができて、被害を最小限度に留めることができたとしている。

しかし、そのような成功が必ずしも続くものではない。あるいは全面的に対応できるというものでもない。今度は、2012年(平成24年)10月の末にアメリカ東部にハリケーン・サンディが襲来した。部分的に予防処置がとれた事例がある。日経の報道記事によると「ニューヨークやワシントンでは公共交通機関が運休したほか、9、000便近い空の便が欠航。政府機関や学校の閉鎖も相次いだ」ほどのハリケーンであった。このハリケーンの強さは5段階の最も弱い「カテゴリー1」であったが、サンディの来襲時の予報時点では、アメリカの東海岸を襲うハリケーンとしては、過去、最大規模の被害が予想されていた。ニューヨーク証券取引所とナスダック市場は29日の取引を停止し、アメリカ債券市場は30日の休場を決定した。この時点では「金融市場の休場が長引く可能性がある」ことから、アメリカ株式市場が天候要因で休場となるのは27年ぶりの異例の事態を招いた。

ハリケーン・サンディはニュージャージー州に上陸し、ニューヨークを直撃した。高潮が押し寄せたことから、地下鉄などが浸水するほか、800世帯が停電するなどの被害を受けている。企業活動や経済・社会活動に大きな影響を与えている。死者は132名、被害総額は約8兆円である。ハリケーン、日本でいえば台風であるが、広大な国土を持つアメリカにおいてハリケーンはきわめて限定された地域の気象現象であるが、日本の場合、国土が狭いこともあって、限定された地域に影響をもたらしている事例が多いとしても、日本列島を横断する台風もある。そのようなことから日本国民は台風から逃れられないところに住んでいることになり、「いかに備えるか」ということが求められている。

トランプアメリカ大統領は、２０１７年（平成29年）2月28日、１兆ドル（約１１０兆円）に上る巨額の公共投資を行うと発表した。その背景には、１９３０年代に施工したインフラ施設が、長期間の使用により、老朽化が進んでいるという現実があった。ダムは、通常、１００年もつとされていたが、上流からの土砂の流入が思いのほか大きいことから、機能的耐用年数が短縮化されている。日本の場合、河川の流域の勾配が強いこともあって、アメリカのそれよりもヘドロの溜まりが早まっている。その結果、日本のダムの寿命は平均的にみて50年とされている。そしてアメリカのダムも機能的耐用年数が50年とみられるようになった。たとえば、築50年しか経っていないカリフォルニア州にあるオロビルダム（全米最大の高さ２３５ｍを誇るダム）が、平成29年2月の発生した豪雨によって、決壊の危機に陥ったなどがそのケースである。アメリカ国内で老朽化した欠陥ダムは４、０００以上ある。必要とされる補修工事費用は２００億ドル（約2兆2、０００億円）以上と試算されている。

１９３０年代のニューディール政策、いわゆる公共政策重視の景気対策で、全米を対象にしたインフラ投資を行ってきたが、そのいずれの施設・整備が老朽化による機能低下（場合によっては崩壊の危機）が深刻になっている。インフラの老朽化自体とは直接の関係がないものの、別な意味での問題も発生している。新規インフラの投資が経済の発展、社会の変革に追いついていないことによる経済的損失の増加の問題である。

主要な都市の高速道路も、40％以上で慢性的に渋滞が発生している。労務時間と燃料浪費（経済的犠牲）が年間1，000億ドルを越えていると試算されている。このようなインフラの事情もあって、トランプ大統領は、「アメリカは中東に6兆ドルを投じてきたが、アメリカのインフラ施設が崩壊しているので、6兆ドルあればアメリカを再建できた」と、過去のアメリカ政府の政策を批判している。しかし、アメリカにとって世界の覇権国家の地位を維持していくためには、とくに石油というエネルギー資源を安定的に確保していくためには、必要な国家政策であったことを忘れてはならない。アメリカ第一主義だけでは「覇権国家の地位」を維持していくことはできなかったからである。

いずれにしても、アメリカは1980年代に入って「インフラ施設・設備の老朽化問題」が深刻化し、経済活動や国民の生活環境にさまざまな障害をもたらしていった。道路の通行止めや橋梁の重量制限などが行われたことから、迂回路を利用しなければならないなどの経済的犠牲が発生した。このような事態が生じた大きな原因は、公共投資予算が削減されたことによって、十分な維持管理・更新が行われてこなかったことによるものである。

しかし、アメリカはこのようなインフラの老朽化に対する政策的対応として、連邦政府として交通政策を規定する長期的・戦略的な計画政策を実行した。１９８３年（昭和58年）に陸上交通支援法（ＳＴＡＡ）を制定し、交通政策に対する連邦政府の強い意思決定が下され、増税による財源が確保された。さらに２０１４年にはオバマ大統領が一般教書演説において、インフラの機能強化を議会に働きかけるなど「インフラの質の強化」を重要な政策課題のひとつにしている。目下、必要とされているのは、主要都市間の高速鉄道網の整備である。

5　国のインフラ施設等保有資産

平成27年3月31日現在の国土交通省の貸借対照表の総資産は１５８兆円である。主要な資産は公共用財産の１４１兆円で、総資産に対する割合は89％にも達している。公共用財産は大別して、公共用財産用地39兆円と公共用財産施設１０２兆円に分けられている。また「公共用財産用地」には、道路用地及び治水用地等を計上し、「公共用財産施設」には、道路施設及び治水施設等を計上しているとの注記が行われている。要するに土地である無償却資産とそれ以外の償却資産に大別して計上しているということである。公共用財産用地の主要な資産は治水18兆円、道路20兆円であり、公共用財産施設は治水47兆円、道路48兆円、港湾５

兆円である。出資金12兆円のうちの主要な出資先は独立行政法人日本高速道路保有・債務返済機構に対するもの8兆円のほか、道路関係の会社（特殊会社）である東日本高速道路株式会社、中日本高速道路株式会社、西日本高速道路株式会社、首都高速道路株式会社、阪神高速道路株式会社、本州四国連絡高速道路株式会社がある。また、空港関係の会社としては成田国際空港株式会社、新関西国際空港株式会社、中部国際空港株式会社がある。

公共用財産用地の評価に関する会計基準としては、旧道路公団の場合には「フレッシュ・スタート法」を採用している。この会計方法は、再調達原価法（製造会社の場合には「再製造原価法」）に相当する会計方法である。これはいわゆる民営化（株式会社化）するにあたって、「道路資産の評価額」を見直すために採用した会計方法である。土地はすべて面積を測定し、時価相当額を積算して評価額とした。道路施設は現在、改めて築造した場合の建設費を計算し、経過年数分の減価償却費相当額を控除して計算している。また民営化直前に完成したものについては、その時期の建築費が判明しているので、その金額を基にして経過年数分の減価償却費を控除して計算している。さらに道路施設の補修工事は主として表層部分であるアスファルト舗装部分の取り換えであることから「取替法」を採用している。

Ⅳ　地方政府の財政状態

1　地方政府の財政状態と課題

地方公共団体は人口動態の変動を反映するかのように財政格差が拡大している。住民の生活環境にも地方間格差が問題の複雑さを浮き彫りにしている。とくに人口が減少している地方公共団体は、歳入の減少により苦しい財政事情を抱えている。

総務省は、毎年、『地方財政の状況』を発刊している。平成28年3月版では「地方公共団体は、その自然的・歴史的条件、産業構造、人口規模などがそれぞれ異なっており、これに即応してさまざまな行政活動を行っている。地方財政は、このような地方公共団体の行政活動を支えている個々の地方公共団体の財政の集合であり、国の財政と密接な関係を保ちながら、国民経済及び国民生活上大きな役割を担っている」と説明している。たとえば、国交省に関係することに触れておくと、国交省は各地方公共団体に対して資金の貸し付けを行っていると同時に貸し付けを受けている地方公共団体もある。また、道路事業について言及するならば、地方道路公社に対して貸し付けも行っていることなどを含めて中央政府と地方政府は密接な関係がある。また、国道などの主要なインフラ施設についても、それが国の管轄であったとしても、管理運営などの多くの事業が地方公共団体に委託して行っているケースは少なくない。

地方道路公社は、地方住宅供給公社および土地開発公社とともに「地方3公社」と呼ばれ、地方公共団体が独自の意思決定で設立する他の公社と違い、各々、根拠とする法律に基づいて設立されている公社であり、他の公社と立ち位置が異なっている。3公社に共通する財政問題は、すべてにおいてというわけではないが、多くの場合と、限定的なものであるとしても、バブル経済時代に購入した土地などがバブル経済崩壊によって、「巨額の含み損を抱え込んでいる」という経済事情がある。ただし、これは平成17年当時までの状況で、その後の10年あまりの間に開発し、もしくは解消しているケースも、多々、ある。

いずれにしても、まずは「地方公共団体全体の財務情報」を見ていくことにする。

（表３）地方公共団体の決算規模（純計決算額「一般会計」）の主要項目比較一覧表

（単位：兆円）

	平成23年３月	平成24年３月	平成25年３月	平成26年３月	平成27年３月	増減差額
	A				B	B－A
歳　入						
都道府県	50	52	51	52	52	2
市町村	54	55	56	57	58	4
（うち政令市）	(12)	(12)	(12)	(13)	(13)	(1)
調整値						
合　計	98	100	100	101	102	4
歳　出						
都道府県	49	51	49	50	50	1
市町村	52	53	54	55	56	4
（うち政令市）	(12)	(12)	(12)	(12)	(12)	(0)
調整値						
合　計	95	97	96	97	99	4
歳入・歳出差額	3	3	4	4	3	0

（注）上表の金額は兆円以下の金額を四捨五入して記載している。
出所：総務省自治財政局編『地方財政の状況』（平成25年３月刊）～（平成28年３月刊）

（表４）地方公共団体の歳入純決算額の趨勢比較表

（単位：兆円）

	平成23年３月	平成24年３月	平成25年３月	平成26年３月	平成27年３月	増減差額
	A				B	B－A
地方税	34	34	34	35	37	3
地方贈与税	2	2	2	3	3	1
地方交付金等	18	19	19	18	17	△１
小計（一般財源）	54	55	55	56	57	3
（＋臨時財政対策費）			61	62	63	
国庫支出金	14	16	16	17	17	3
地方債	13	12	12	12	12	△１
その他	16	19	17	17	18	2
合　計	98	100	100	101	102	4
主要な目的別歳出純計						
民生費	21	23	23	23	23	2
土木費	12	11	11	12	12	0
教育費	16	16	16	16	17	1
公債費	13	13	13	13	13	0
その他						
合　計	95	97	96	97	99	4

（注）上表の金額は兆円以下の金額を四捨五入して記載している。

出所：総務省自治財政局編『地方財政の状況』（平成25年３月刊）～（平成28年３月刊）

（表５）普通建設事業費（補助・単独「新増設等の経費」）の趨勢比較表

（単位：兆円）

	平成14年度	平成16年度	平成18年度	平成20年度	平成22年度	平成24年度	平成26年度
普通建設事業費	20.8	16.3	14.3	13.0	13.3	12.4	14.8
うち補助事業費	9.2	6.6	5.8	5.4	5.6	6.1	7.7
うち単独事業費	10.1	8.4	7.2	6.4	6.9	5.4	6.3
国直轄事業負担金	1.5	1.3	1.3	1.2	0.8	0.9	0.7
うち都道府県							
補助事業費	6.0	4.4	3.6	3.2	3.0	3.5	4.1
単独事業費	4.4	3.7	3.3	2.8	3.2	2.2	2.4
国直轄事業負担金	1.3	1.1	1.1	1.1	0.7	0.8	0.6
小　計	10.7	9.2	8.0	7.1	6.9	6.5	7.1
うち市町村							
補助事業費	3.7	2.5	2.4	2.4	3.0	2.9	3.9
単独事業費	6.1	5.0	4.2	3.8	3.2	3.5	4.2
国直轄事業負担金	0.1	0.1	0.1	0.1	0.7	0.1	0.1
小　計	9.9	7.6	6.7	6.3	6.9	6.5	8.2
歳出合計の「その他」の内訳項目							
維持補修費（参考）			0.1	0.1	1.1	1.1	1.2

（注）上表の金額は1,000億円以下の金額を四捨五入して記載している。
出所：総務省自治財政局編『地方財政の状況』（平成25年３月刊）～（平成28年３月刊）

地方公共団体は都道府県と政令指定都市の大規模団体と町村などの小規模団体まで多数ある。都道府県の数は変更がないが、市町村は平成16年の2、521団体から平成26年には、平成の大併合を受けて、1、718団体に減少している。政令指定都市がこの期間に13団体から20団体に増加している。町村でみると、人口1万人未満の町村が984団体から487団体に減少している。しかし、その中身に問題を抱えていると思わざるを得ない。

たとえば、新興の政令指定都市である浜松市は、12市町村を編入して県内最大の人口78万9、407人（平成27年）を擁する政令指定都市となった。ところが、市民の一体化あるいは行政の均一化は、必ずしも進んでいるとはいえない一面がある。一例を挙げれば、5月上旬（3～5日）の「浜松まつり」は盛大な祭りで、この日だけは東京などに出ている者もみな帰郷して参加するほどの「郷土の誇りある祭り」であるが、あくまでも「旧浜松市の祭り」であって、新浜松市の祭りではない。一体化・共同化した広域な祭事とはしていない（平成24年現在）。

他の市町村においても同様なことがある。いろいろな意味において、市町村の合併の効果は、医療施設や教育施設などの統合を含めて一体化・共同化を進めていかなければならないにもかかわらず、古《いにしえ》からの生活習慣・自治慣習が根強く残されていることから、なかなか、困難な壁となっている。その結果、特に医療施設など旧来通り複数の施設を運営していることとなどに現れている。一体化・共同化が進まず、行政コストの削減効果が出ていないとされている。そのようなことから地方自治体の財政状態の改善は各地方自治体によって事情が異なるにせよ、困難をきわめているのが実情である。

面積は浜松市とほぼ同一とされる静岡市は、現在、政令指定都市のうち、唯一、人口が減少している都市である。平成29年3月31日現在、人口70万430人、政令指定都市に指定された後においても、人口が増加していく気配がない。政令指定都市化した当初70万人台であった仙台市や千葉市は100万人都市と、条件を充足するに至っている。旧静岡市は清水市と合併して新制静岡市となったが、県庁所在都市とはいえ、浜松市のようなホンダ、スズキ、ヤマハ、ヤマハ発動機のような大企業が存在していないことなどの影響があると思われるが、「魅力ある都市づくり」が遅れている。

政令指定都市の指定を受ける条件が、人口100万人がひとつの条件であったが、特例で70万人であっても近い将来その条件を満たし得る都市がひとつの条件であった。この特例条件を受け入れて政令指定都市になった最後の都市が熊本市である。それ以降は、この特例が外されたので、人口が当初より100万人を満たしていないと政令指定都市にはなれない。

静岡市は静岡空港を開港して人口動態の活性化を意図していたようであるが、他の地方空港（地方自治体の運営空港）と同様、経営環境は芳しくない。多くの地方空港がそうであるように、便数が少ないこともあって、空港関連施設は閑散としている。これでは売店の店員などの人件費を含め運営経費が過大になっている傾向にある。いずれにしても静岡市は市の活性化を勢いづける力に欠けている。

平成29年4月18日、東急グループのファッション運営会社が、平成29年の夏季で「ＳＨＩＺＵＯＫＡ１０９」の営業を終了すると公表した。10～20代の女性をターゲットにファッション商品を販売していたが、売り上げが伸び悩み閉店することになった。10～20代層の人口が少なかったのか、その世代向きの品揃えが合わなかったのか、その世代の消費購買力が弱かったのか、一言ではいえないまでも、地方の百貨店を含め小売業界は先細りしている。日本全体において、地方の小売業は先細りとなっている。

そのため大手百貨店の地方店舗の閉店が相次いでいる。一般的に言って、バブル経済崩壊後、30年近くが経とうとしているが、日本経済の景気を左右する消費動向は低いままである。景気が改善されないままに、いたずらに時間だけが経過していった。株価とゴルフ会員権(券)相場の動向が、その多くを語っている。そして長寿高齢化が急速に進み、社会保障費の増大が、国と地方の財政をより強く圧迫していくことになる。

静岡県は人口が70万人程度であるが、人口７００万人以上を抱えている神奈川県には民間用空港がない。青森県、秋田県、石川県、福岡県などのいくつかの地方自治体には複数の空港がある。そのようなことから人口や地域経済の動向並びに人口動態などに配慮した「行政サービスの提供の在り方」を検討（採算性を含む）した上で、設置の可否の検討が必要である。多くの地方空港は赤字経営にあって、地方自治体の資金援助を受けて初めて事業運営を継続しているのが実情である。

北九州市は新日本製鐵の城下町のような経済環境下に置かれていたこともあって、一時は旧制の政令指定都市のなかで、唯一、人口が減少していた都市であった。この北九州市においても、合併して政令指定都市となったが、現在に至っても、当時（合併以前の現況）の政治的・行政的力学が働いている。その大きな現象が、東西に区分された当時の地域内の上下水道の敷設割合（完成度格差）に現れている。また、会計上の問題としては、建設局のなかに上下水道部（平成18年当時）が組成されているということにもある。建設局は一般会計で、現金主義会計を採用している。他方、上下水道部は地方公営企業であるから、発生主義会計を採用している。そのため会計の整合性を図るために諸種の作業（会計事務処理）を必要としているなどの非効率な側面が生じていた。

人口1万人未満の町村が平成16年から平成21年には４７０団体にまで減少したにもかかわらず、平成26年には４８７団体にまで増加している。他方、人口1万人以上の町村が平成16年の８０５団体から平成26年には４４１団体まで減少している。この変化は平成の大併合で合併したほか、人口の減少によって、人口1万人未満の町村に繰り下がった町村があると考えられる。

町村の管轄領域（面積）が同一で、人口の減少によって財政規模が縮小すると、従前の行政サービスを維持していくことができない。とくに教育、医療、治安などのサービスにおいて規模の利益（役務の提供）が喪失しかねない。また、インフラ施設・整備の補修・更新用の「財源の確保」が困難になってくる。財源（主として納税額）は人間と結びついているので、人口とくに「働き手の減少」は財源に大きく影響してくる。とくに地方においてシャッター通りと揶揄される街が増えているのが気になるところである。

人口700万人以上を擁する神奈川県においても、西南地区は人口の減少が顕著に現れている。都心部においても問題が発生している。平成29年4月19日の日経は「県内企業の休廃業・解散」を報じている。県内の「企業・事業者の休廃業件数は前の年比12・1％増の1、194件」と増加し、当該事業者の代表者の年齢が60歳以上の人が80％を超えているとし、「業種別では建設業が15・2％増の440件」と最も多く、その原因として、①人手不足と②人件費が高騰したことにより、③工事の採算が合わなくなったことからの廃業などを理由として挙げている。

2　地方政府の財政の現況

先に示した（表3）「地方公共団体の決算規模」を見てもらいたい。歳入が平成23年3月期の98兆円から平成27年3月期の１０２兆円に4兆円、1年当たり1兆円増加している。同一の期間に、歳出は95兆円から99兆円に増加しているので、歳入と同様に1年当たり1兆円増加していることになっているので、収支はほぼ均衡しているように見える。国の収支と違って地方の収支（歳入・歳出差額）はプラスとなっている。

なお、インフラ資産関連予算は地方公共団体の（表5）「普通建設事業費の趨勢比較表」（決算規模）に見られる。平成15年3月期の20・8兆円から平成27年3月期の14・8兆円と12年間で6兆円も減少している。その多くが地方公共団体の「単独事業費」の減少である。平成15年3月期の10・1兆円から平成27年3月期の6・3兆円と3・8兆円も減少している。1年当たり3、１６７億円の減少額である。

このように地方公共団体は、インフラ資産の補修・更新のための支出を、毎年、削減してきているので、長年の使用による老朽化が進んでいるにもかかわらず、補修もしくは更新を十分に行えていない状況にある。そのため近未来、不都合な事案（使用不可もしくは通行止めなど）が行われ、地域住民が不便を被《こうむ》ることにもなってくる。また、全国的に展開している企業も影響を受ける。とくに運送会社などが受けるであろう経済的犠牲は計りしれない。

まず、財源が必要であることは当然であるが、地方公共団体の財政力すなわち税収力（人口1人当たりの地方税収入額）がひとつの指標を示していると思われる。そこで『地方財政の状況』第27図「地方税合計、個人住民税、地方法人二税、地方消費税及び固定資産税の人口一人当たり税収額の指数」（全国平均を100とした場合の平成26年度決算）の数値を参考に検討してみたい。やはり人口が多い団体が大きい数値を確保していることがわかる。

同数値が100以上の都道府県は、東京166・5、愛知県121・4、神奈川県106・7、静岡県104・8、そして大阪府103・9の5団体である。東京都の場合、地方法人二税（住民税と事業税）が246・0と圧倒的に高い数値を確保している。2位が愛知県の156・3である。また、都は固定資産税も157・6と高い数値を確保している。地価（評価額）の高い広域の都市部を抱えていることから当然のことである。それはオフィスビルの賃料に如実に表れている。東京は東京駅、新宿駅、渋谷駅、品川駅周辺地区など複数の都市賃料の高い地区があるが、横浜市の場合、横浜駅周辺に限られている。そして東京の1坪当たりの平均賃料が1万8千円台であるのに対して、横浜は1万1千円台と大きな格差がある。量（面積）と価格（賃料）いずれも圧倒的に東京のほうが税収上有利である。

他方、地方税合計で数値が70以下の団体が、秋田県、高知県、長崎県、宮崎県、鹿児島県、そして沖縄県の6団体ある。これらの団体は固定資産税の数値も低い団体である。人口が少ないことから、道路網の整備は必要がないということにはならない。道路は全国ネットでカバーされていないと、その有効性が発揮できないという事情がある。ただし、あまり利用される可能性が低いところまでも道路網として整備する必要があるのかといえば、それは「費用対便益」と地震、台風その他の災害があった場合の代替道路の用意など、諸種の側面からの検討を行って整備を進めていくことが重要であると考えている。

地方公共団体は、道州制検討地域の中心団体に人口が集中している傾向にある。北海道は札幌市、東北は仙台市、中部は名古屋市、中国は広島市、九州は福岡市に人口が集中していく傾向にある。そのため、その周辺の地方公共団体は人口が減少している。その結果、周辺地区の団体は地方税収入額が絶対的に小さな数値となっている。その影響が、地方政府の行政に大きな影響を与えている。

たとえば、旧道路公団時代のことであるが、東九州高速道路が大分から津久見まで開通したところ、想定していた交通量がなかった。料金設定が問題視されたが、他方において想定外の利用があったのも確かなことである。それは救急車両の利用である。大分市内の救急病院もしくは大規模総合病院への搬入である。このような利用形態もあることから、地方において利用頻度が低いという理由のみで、整備の必要性の不可を考えることはできない。

もう一つの事例であるが、山形自動車道路の山形県内で、大規模総合病院のすぐ前に特別な出口を敷設している。正規のインターチェンジを経由しないで、つまりショートカットして病院に直接到着できるように作られている。人命救助のためには大変重要なことである。このようなことは地方であるがゆえの臨時的・例外的対応なのだろうか。東名高速道路ではそのような敷設はない。たとえば、用賀から厚木を見たとき、そのような設置施設を見ることはない。利用頻度が高い高速道路では、利用車両のスピード調整が難しくて、交通事故を起こしかねないという理由があるとも考えられる。

地方財政は、人口の減少などを理由に厳しい状況におかれている。人口が多い大規模団体においても、財政が苦しいことに変わりがないとしても、その理由なり原因は異なっている。ともかく、平成28年4月1日現在、都道府県レベルにおいて人口が100万人以下の団体は10団体となっている。半年前までは九団体であったものが、秋田県が加わって10団体になった。このように地方の人口の減少に歯止めがかからない。政府は「地方創生」をひとつの公約に挙げて政策の実施を試みているようであるが、現実としては成果を見ることがない。とくに地方に設立されている大学において、現実を見ることができる。

余談であるが、地方ならではのメリットとデメリットがある。たとえば、ＴＤＫは、秋田県内に複数の工場を操業していた。遠距離であっても、製品が小さいものが多いので、土地と賃金が安いことから、運搬費がかかっても、進出の「費用対効果」は良かったから進出したのであるが、冬季の除雪費用や雪害による交通障害など、想定以上の費用がかかることや当時考えていた以上の速さで海外進出が進んでいったことなどの理由から操業を停止した。このようなケースがあり、地方創成はかなり難しい局面を迎えている。

地方に大学が多数あるが、小規模の大学が多いこともあって、定員を満たしていない大学が多い。とくに定員が800人以下の小規模大学で、学生の入学者数が定員割れを起こしている。地方の場合、卒業しても、地場で就職ができないという事情がある。たとえば、尾道市が尾道市立大学を設立した。校舎は立派であるが、山間《やまあい》にあって、静観なたたずまいの森の中にある学舎は勉学には大変適している大学である。しかし就職口は限られている。

個人的な感触では、就職先として受け入れ可能な地場産業が絶対的に不足している。卒業しても、尾道市内での就職の道はとても狭いため、この周辺地区に就職することはなく、多くの卒業生が関西地区に移動している。そのようなことから「街起こし政策」の一環として、行政が発起させたものとしても、結果として「街の活性化」に大きなインパクトを与えるには至らなかった。尾道市立大学は、経済情報学部と芸術文化学部の2学部である。

同様なことは、銚子市に設立された私立大学の千葉科学大学にもいえる。銚子は漁港の街であり、漁師町として賑わってきた。その漁港が寂《さび》れている。この大学は、薬学部、危機管理学部と看護学部の3学部で構成されている。こちらの大学は、太平洋を望む眺望の良いところに建設されている。元はヨットハーバー建設予定地として整備された土地と聞けば納得のいくところである。問題とされることは尾道市立大学と同様であるが、とくに危機管理学部が定員割れしていることと退学者が多いというのが、地場の評判である。

もうだいぶ以前から問題提起されてきたのが「国立の単科大学」であり、とくに教育大学の存続性が危ぶまれていた。一時、財務省が研究成果を基準に運営費交付金を査定すると指針（評価案）を出し、強い反対意見に遭って廃案になった。しかし、大学の建学方針が「教育と研究」であるとするならば、研究成果（主として海外著名雑誌への掲載論文）だけで評価すること自体きわめて変則な指針であってみれば、廃案は当然の帰結である。とはいえ、国立の単科大学の存続可能性が問題視されていることは確かなことである。なお「教育と研究」は、国家の重要なインフラである。

このような社会的環境（大学の存続可能性）を踏まえて、政府の「経済財政諮問会議（議長安倍首相）」は、平成29年4月25日、「国公私立大学の枠を超えた経営統合や再編」を促す方針を出すことにした。そこでは「国立大学を受け皿にした異例の集約化を通じて乱立する私立大学の整理・淘汰を進め、大学教育の機会と質を確保する」ことがひとつの目標とされている。しかし、本当に重要なことは「学生の修学意欲向上心をどう図っていくのか」ということにある。実質的には「個人の意欲（質）」をどう高めていくのかということであり、形式的には「入学に難しく、卒業に優しい」現状（量）をどう改善していくべきなのか、大きな壁が立ちはだかっている。一部勉強する学生は環境がどう変化したとしても勉強するであろうが、しない学生は勉強ができる体制をどのように作ったとても、なかなか、勉強する姿勢（体制確保）をとることにはならない。勉強しなくとも卒業できる現在の教育制度を改善しない限り、「質の向上を達成（将来の日本の担い手の育成）すること」はできない。

個人（学生個人）以前の問題としては、文科省・国立教育政策研究所が行ったアンケート調査結果（平成19年8月）による「教育環境が悪化している内容」として、①家庭の教育力の低下52・4％と②社会のモラルの低下が挙げられている。その基本に、とくに顕著にみられるようになったのは、バブル経済崩壊後のことと思われるが「家庭の躾《しつけ》が悪化した」ということにある。私個人としては家庭の躾ではなく家庭内における「躾役である両親の躾」から始める必要があると考えている。「隣人を愛せよ」ができない「自己第一主義の人」が多いからである。現況をいえば、平成12年以降、人口動態が少子化に向かっているにもかかわらず、4年生大学が130校増えている。他方、大規模大学が学部を新設するなどしているので全体の定員数はより以上増加している。その反動として平成22年以降10校以上の大学が閉校し、もしくは募集停止を行っている。

3　地方の人口動態と都市部の老齢化問題

総務省が平成29年4月14日に発表した平成28年10月1日現在の人口推計値は、前年と比較して16万2千人減少して1億2、693万3千人となっている。人口の減少は6年連続で、過去最多であった平成20年よりも約110万人もの減少となっている。死亡者数から出生者数を差し引いた「自然減少者数」は、平成29年は昭和25年以降、過去最多となっている。この自然減は平成19年以降10年連続である。なお、男性の自然減は12年連続で、女性は8年連続となっている。

重要なことは日本経済の担い手である「生産年齢人口（社会的労働人口）」の動向である。15歳から64歳の人口が、前年比72万人減少して7、656万2千人になっている。この人口数の総人口数に占める割合は60・3％である。一方、65歳以上の高齢者（老年人口）は72万3千人増加して3、456万1千人で、その割合は27％超の過去最高となっている。15歳未満の年少者数の割合が12・4％と過去最低となっているのに対して、75歳以上の後期高齢者数が13・3％となり、年少者数よりも多くなっている。この逆転現象は、現役世代の「年金・医療・介護」など社会保障費の負担が一段と重くなっていくことを示している。

これまでのような社会的環境を考えると、15歳から64歳までを生産年齢人口としてとらえた統計値はどのような意味があるのか、疑問がある。16歳から22歳までの年代が労働市場に参加していないからである。また、昭和の時代までは一般的に55歳が定年で、60歳の「還暦のお祝い」を行っていたが、バブル経済崩壊以降と思われるが、一般的に定年が60歳になっている。とくに寿命の長寿化が認識されることになったこともあって、「還暦のお祝い」などあまりしなくなった。そしてさらに20年ほどが経過した時期には、65歳くらいまで働くのが普通となっている。そして社会保障費の増加傾向が強まっている現在、年金支給開始年齢を70歳にするというのが、政府の考え方である。そうすると70歳までは働かなければ生活していけないので、働き手として労働市場に参加していくことになる。

平成27年、28年、29年と労働市場は「人手不足」といわれているが、それは若年層の働き手であって、高齢者に対しては、あくまでも労働市場は狭き門となっている。とくに特段の技能を身に付けていない高齢者は働く場所に厳しい現実がある。この人手不足が顕著なのが、建設業界、介護施設業界、運輸業界、料理飲酒業界などである。その世界で外国人が部分的に担っている。平成28年「外国人の純流入人口者数」は13万6千人に上っている。これからも外国人の就業の機会を広げていかないと、日本経済の発展は望めなくなる。

政府は、外国人の就労機会の拡大に向けた就業環境を整備することにした。その１つが平成32年までに外国人に対応できる病院を全国で１００カ所整備するという計画である。介護福祉士の資格保有者らに新たに在留資格を認めることにする。ただし、そのためには介護福祉士の資格試験の問題という障壁がある。普通の大学を卒業した学生にも読めないような試験問題を出題しているとの批判がある。

このようなことはこの試験だけの課題だけではなく、たとえば税理士試験でも同様な問題を抱えている。法人税や所得税などの試験問題で、「計算問題重視思考」から脱皮していない。実務のなかではコンピューター・ソフトがほぼ完璧にできているので、必要なデータを入力すれば、確定申告書を作成することができるのに、そのような実務環境を考慮しないまま試験問題（計算問題）を作成している。合格させるための試験ではなく、落とすための試験ではないのかと勘繰《かんぐ》る人たちもいる。そのようなことが直接に関係しているかどうか不明であるが、税理士試験受験者数が最大のころと比べて約1万人減少している。

介護の世界はある意味で3Kの世界であり、力仕事の領分があるので、比較的若い人でないと無理が効かない。厚労省がまとめた平成25年の「国民生活基礎調査」によると介護が必要な65歳以上の高齢者がいる世帯のうち、介護をする人が65歳以上である「老老介護の世帯」の割合が51・2％に達している。介護が必要になった原因の最大の理由は脳卒中で、つぎが認知症、高齢による衰弱と続いている。介護をする人の約70％が女性である。

親が高齢で、介護をする必要があるとしても、遠隔地に住んでいる場合など、なかなか、難しい問題があることから、引っ越しを余儀なくされている家庭も少なからずある。この介護などの世界も地方自治体の役務（行政サービス）となっているので、近未来、相当な負担になってくる。財務省の試算によると、国民所得に占める「税金と社会保障負担割合」が、平成25年に過去最高の43・4％にもなっている。これは個人の問題であるが、いずれ地方自治体の負担に影響してくる。

もうひとつが「税制改革」である。現在、日本で就労する外国人が何らかの理由（交通事故死など不慮の死亡）で、相続問題が発生した時には、その人が他の国に保有している資産すべてに対して相続税が適用される。この制度は外国人にとっては、不本位と映《うつ》る税制となっている。外国人の研究者や経営者など一部の高度な人材を招き入れるためには、税制を変える必要がある。さらに現在、永住権を得るためには5年間の在留期間が必要とされているが、この短縮の検討も必要になっている。

人口が増加しているのは東京、沖縄、埼玉、愛知、千葉、神奈川、福岡の7都県である。他の40の団体はすべて人口が減少している。東京都は0・8％の増加で、一番大きく減少しているのが秋田県の1・3％となっている。人口の減少は、もとより年齢構成など他の要素も重要であるが、県内（団体）人口の減少は県内の活性化、景気浮揚の障害になっていく。人がいないと、町や村が寂れていく。自治会組織も維持できなくなる。

4　空き家等の問題と地方の財政負担

10年ほど前からであろうか、いやそれ以前から潜在的に一部の関係者の間では、「空き家問題」が取り上げられていた。それが、現在、行政上、財政負担や危険防止策の必要性の業務負担など大きな課題が浮揚してきた。地方自治体にとって、この「空き家対策」と「所有者不明土地対策」は、かなり深刻な問題をもたらしている。将来に向かって対策費用の増加が見込まれているからである。

地方出身の学生が、卒業して就職し、都心部もしくはその郊外に家庭を持つことが多いことから、都心部を中心に人口が増加しているが、地方はその反動で人口が減少している。両親が死亡した後、両親が住んでいた家屋は空き家となる。両親の介護のために都心部に両親もしくはその一方を引き取ることにしているなどの結果、地方の家屋（実家）が空き家となるケースが、多々、ある。また、両親が介護施設に入室するなどがその理由となっている。

東京の多摩ニュータウンや大阪の千里ニュータウンなど、過去、もて囃《はや》された街区が、子供世代が大人世代になって出ていったことから高齢者が多くなり、「老人の街化」した。行政が中心となって、再生化の取組が行われるようになったのは20年ほど前の話である。現在、老齢化社会は増加している。そこに空き家問題も同時に発生している。老齢化社会では、幼稚園や小中学校がないことはもとよりのこと、スーパーマーケットもなくなり、また、交通手段としてのバスの本数も減少して買い物が不便になったなど、生活に困る事態になっている。そのような社会環境においては、医療施設の不在などの問題も同時に発生している。

比較的好ましい街として、テレビ映画などで取り上げられた（撮影現場）こともある「田園都市線のたまプラーザ」であるが、最近ではＮＨＫなどが「老いた街」として特集を組んでいることがある。この「賑わいのある街」と評判にもなったこともあるたまプラーザであるが、時の経過とともに変貌してきた。田園都市線沿線に多くのマンションが建設されて若い世代の居住者が増加している一方、昭和55年以降住み始めた世代がそのまま住み続けている家庭が比較的多いこともあって、地域住民が老齢化している。日本の一般的傾向として、「住む人の移動性が低い」ことがひとつの理由である。子供たちは独立して、他の地域に住み、両親との同居をしない家庭が増えている。もうひとつの理由として、老齢者用の施設が比較的多数建設されていることも、周辺住民の年齢構成が高くなっている理由である。

このようなことから都市部と地方、いずれにおいても「空き家」が増加しているし、これからも増加していく傾向にある。毎年、新規の住戸、とくにマンションの供給が続いているので、他方において人口の減少も考えると、空き家が増加するのは当然のことである。地方の空き家問題は、治安と災害の視点からも重要な課題となっている。冬季の積雪地帯では、雪下ろしをしないため、降雪の重みで倒壊する恐れがあるし、見知らぬ者たちが住むこともあり、火災など被災の発生が危険視されている。

現実的な問題として、住む予定のない実家などの相続を放棄することによる空き家が増加している。すでに住居を確保している者にとって、利用する可能性のない空き家を相続することで固定資産税や管理費・修繕費などの費用がかかることから、保有する必要がない。その結果、空き家が増加していく。また、平成27年の相続税法の改正で相続税が増税となり課税範囲が拡大された。都心部でいえば、課税対象が3人に1人まで広がった。

司法統計によると、家庭裁判所への「相続放棄」の申立件数は平成26年に18万2千件あった。20年間でざっと3倍に増加している。平成27年2月26日に施行され、一部改正されて同年5月に「空き家対策特別措置法」が全面施行された。この法の施行により地方自治体は、一定の手続きをとれば、倒壊の恐れのある危険な家屋を「行政代執行」によって強制的に解体・撤去することが可能となった。費用は所有者に請求できることになっているが、①所有者が不明である場合が多いことから、また、②相続人の全員が相続放棄をすれば、行政側の負担となる。さらに、ハクビシンが空き家に潜《ひそ》んでいることなど、諸種の問題が発生している。平成25年度に、東京の世田谷区役所にハクビシンに関する苦情が約170件寄せられている。このように、最近、都市部における騒音や悪臭などの被害が増えている。

最初の事例が、横須賀市のケースである。横須賀市によると、平成25年の空き家件数が約2万9、000戸あり、全住居数の15％に上り、全国平均の13・5％を上回っている。相続放棄により所有者不在となった空き家に対して、市は平成27年「代執行」の手続きを経て、解体を行った。解体・撤去費用が約70万円かかったと報じられている。しかし、一般に所有者が不明な空き家を解体しても、費用を請求する相手がいない。多くの地方自治体にとって、そのようなことから解体・撤去を行いたい対象案件があったとしても、現実に危険な空き家があったとしても、費用がかかることから、実行できないのが現実である。

更地の場合、建物がある土地の固定資産税評価額が最大4・1倍とされていることから、更地にしたがらないという事情もある。また、解体費用がかかることから、手を付けたがらない。空き家で所有者不明という現実には、その背景として、切実な問題も隠されている。事業者の経営破綻その他の理由から、土地を離れていった人たちは住民票を変えないので、居住地を追い求めることができない。とくに地方においては、資産価値の低いこともあって、相続人が相続手続きをしないまま幾世代か経過してることがある。現世代の人たちが、そのような資産があることさえ認識していないケースさえある。このようなケースから空き家が増加していくという問題もある。

総務省の住宅・土地統計調査によれば、平成25年現在、空き家は全国に約820万戸あり、総住宅数に占める割合が過去最高の13・5％である。これまで日本では、住宅が絶対的に少ないことから供給（量）を増やすことに重点をおいてきたが、昭和40年代後期の所得倍増の時期を越えて、バブル経済の時期に向かっていく時期には、一定の戸数が建設され量的水準は達成された。それからは質（居住環境）が問題であるとされた。

しかし、平成29年にいたっても、この質の達成は、なかなか、困難なことになっている。そこには少なくとも3つの理由がある。①所得が増えないこと、②近未来の経済成長が見込まれないことから、所得が増加するとは思えないこと、他方③物件が高くなったことから、手が届かなくなってしまったことなど、である。交通の利便性もさることながら、「求める安らぎ」の視点から考えれば、高校生と大学生を抱えた4人家族で、100m^2程度のマンションがほしいところである。現実としては、山手線もしくは環状6号線内の都心部では、居住空間100m^2を超えると1億5千万円を超えてしまう。たとえば、東急、京急、小田急、京王各線の沿線で急行が止まる駅から徒歩10分以内としても1億円以上はするようである。このような経済環境（所得と住戸価格との乖離）から、質の確保は困難をきわめている。

日本では、比較的恵まれた給与所得者の生涯賃金が3億円台とされているので、一面比喩を込めて言えば、居住用資産の取得のために一生を捧げていることになる。70歳になったとしても、必ずしも「安住の生活環境」が保証されているわけではない。スウェーデンは、21

世紀になった時期に、定年基準を65歳から67歳に引き上げたが、現実問題（一定の生活環境水準の維持）としては「70歳現役社会」の実現が必要であると多くの人たちが思っている。ただし、それが可能なのは「働く意欲のある人たち」に限られている。

5　地方財政の財務分析

総務省の『地方財政の状況（平成28年3月）』の1の（2）「国民経済と地方財政」で「政府部門は、国民経済計算上、中央政府、地方政府及び社会保障基金からなっており、家計部門に次ぐ経済活動の主体として、資金の調達及び財政支出を通じ、資源配分の適正化、所得分配の公正化、経済の安定化等の重要な機能を果たしている。その中でも、地方政府は、中央政府を上回る最終支出主体であり、国民経済上、大きな役割を担っている」と説明した上で、「国内総生産（支出側・名目）と地方財政」を比較している。

その前に両者の予算規模（財務省のHP）に触れておくと、中央政府の平成28年度が96兆7，218億円、平成29年が97兆4，547億円である。これに対して、地方政府のそれは100兆円余で、地方政府のほうが、多少、中央政府よりも大きくなっている。行政の執行行為が地方のほうが大きいことの反映である。

国内総生産は490兆円で、そのうち民間部門は376兆円（77％）で、政府部門は125

兆円（26％）である。パーセントが１００を越えているのは、純輸出がマイナス11兆円になっているからである。民間部門は家計部門３０３兆円（62％）と企業部門73兆円（15％）である。他方、政府部門は社会保障基金44兆円（９％）、地方政府58兆円（12％）および中央政府23兆円（５％）に分けられている。

国民経済計算上、家計部門の比重が大きく、その消費動向が国家経済（景気動向）に大きな影響を与えていることがわかる。この家計部門は前年度の64％から62％に２％減少している。日本経済が政府が期待したように上向かず、したがって「デフレ経済からの脱却が達成されていない」ことの表れである。

日銀が２％のインフレを目指して「異次元金融緩和」を行ったが、期待した成果を得ることができていない。金融緩和が遍《あまね》く国民全体に消費購買力として浸透していないことの表れである。とくにバブル経済崩壊後、それまで中流階層（中産階層でなく）とされてきた階層が下流階層に降下したと感じている国民が増加している反映ともいえる。この人たちが中流に遡上していかない限り、民間部門の総消費額は上向くことはない。一握りの富裕層が消費を増やしたところで限界がある。大多数（最も多い所得階層、多分、年収４００万円から８００万円クラスの人達）を占める階層の所得が増えることと、将来に向かって収入が増加していくことが見込まれる経済社会（成長する経済基盤）の創設が必要とされている。

平成28年は、欧米諸国と中国を中心とする東アジア諸国の不安定要素があったが、概括的には世界経済の回復傾向を受けて、国内の雇用情勢は逼迫感が高まっていると報道されている。平成29年の春季、人手不足で有効求人倍率が、まだバブル経済崩壊を意識するに至っていない平成2年11月以来の高さを記録したということであるが、多くの場合、人手不足は比較的賃金の低いサービス業を中心とする業界で起きている。したがって「景気が拡大する（消費購買力の上昇）」とまでは、なかなか、いえないのが現況である。国民一般に「懐の膨らみ実感」があまりないことが問題なのである。

総務省によると、平成29年3月の2人以上の家庭における実質消費支出額は平成28年3月に比較して1・3％減少している。19カ月連続して減少していることから考えても、また、内閣府の景気動向指数によると、安倍政権が発足した平成24年12月に景気の回復を示して以来、拡大期間が52カ月となり、バブル経済期の景気上昇期間を抜いたとし、8月まで続けられるならば、高度経済成長期の「いざなぎ景気（57カ月）」に並ぶという。しかし、一般国民は「景気拡大の実感」を受けていない。名目賃金がバブル経済崩壊以降、30年近くほぼ横ばいが続いていることや、高度成長期を生き抜いてきた団塊世代にとっては、年金生活者となって実入りが減少して、消費活動を抑制せざるをえないなかでは、景気の拡大感はなく「世間の風は冷たい」のが現実である。景気の拡大は物価の上昇に現れるとするならば、石鹸などの生活用品や家庭電器用品が値下がり傾向にあることなどから考えても、デフレからの脱却は進んでいないことがわかる。

他方、大企業は平成29年3月期、最高益を出している企業が続出していて、増配する企業が昨年に続いて増加傾向にある。大手企業は経営改革を継続して行ってきたことから「収益構造の変革」を達成しつつある。これら企業の多くがメーカーであり、海外の工場の収益力が高まった結果の成果である。その要因は、自動化（ロボットの導入その他）によるコスト削減（主として労働者の削減＝人件費の抑制）により競争力を強化し、「為替の変動リスクへの耐性」を強化したことなどである。

自動車製造会社のホンダは、現地生産（地産地消）で「為替の変動リスク」を抑えている代表的な企業である。平成29年3月期の海外生産比率は84％にも達している。現地生産の拡大は、これからの消費者となる中興諸国は政変などのリスクがあるので、その対応が必要になっていることもあって、容易に賃金支給財源として使用することに慎重になっている。また、インドで稼いでいるスズキにしても、同様で主要な収益は海外販売になっている。

6　国と地方の財政問題

一時、貯蓄率が減少していることから、政府が発行する国債の引き受け手（銀行預金者）

が縮小していくと懸念された。しかし、総務省の家計調査によれば、平成28年の「家計の貯蓄率」が増加していることがわかった。この「黒字率」は27・8％となり、前年よりも1・6％上がった。この水準は平成13年以来、15年ぶりの高さである。ひとつに長寿高齢者が「将来の生活を考慮した節約志向」が高まったことによるものと分析されている。これは消費市場からの撤退を意味している。

黒字率は家庭の可処分所得から消費支出を控除した「余剰金」を可処分所得で割った数値である。したがって、それだけ銀行預金が増えたことを意味しているわけではない。「タンス預金の増加」が増えていることなどのケースがあるからである。第一生命経済研究所の調査によると、タンス預金は平成29年2月末現在、前年比8兆円（8％）増加して43兆円にも上っている。その規模は国内総生産（GDP）の0・6％である。紙幣の発行残高は同2月末現在99兆円であり、タンス預金はこの3年間で、30％強の増加となっている。

話を戻すことにする。このような経済環境の下、老朽化するインフラ資産の補修・更新に必要な資金が増加していくことが見込まれている。一方、その必要な財源の拠出者（納税者・納税額）の先細りが進んでいくことが予想されていることなど、難解な課題が横たわっている。はたしてインフラが十分に保全され、もしくは新設・更新がされていかないような時代を迎えて、日本の未来に「夢」はあるのだろうか。人口減少時代になり、限界村落が増加している。過疎化村落に居住する長寿高齢者は、高齢により独り暮らしが不便となり、他方、医療・介護施設が備わっている都市部への移動が進んでいくなどして、ますます過疎化が進んでいく。そのように人が住まない地区が増加している現況において、インフラ資産の補修・更新はどこまで行えばよいのか、財源と費用対効果の視点から見ると、それも問題視される時代になっている。他方、人道的視点から見ると、無視してよいという回答は得られない。ここにひとつのジレンマが起きている。

インフラ資産には耐用年数（寿命）があるので、完成した時点において、将来の補修・改善を考えた資産管理、一般にこれを「アセットマネジメント」と呼んでいる。東京都は平成10年代に入った時期から、その方向性を見据えた資産管理を行っている。それはアメリカが導入しているアセットマネジメントを検討した上で、「日本における資産管理の在り方」の検討を行い、都としてどのようにして「導入・実行」していくことができるか、その「問題認識と解決方策」を検討してきた。ここでもまず課題として挙がってくるのが「財源の確保」である。それと国との折衝である。

その背景に、経済成長を前提にした「税増収に限界がある」ことが認識されるようになってきたからである。欧米を中心に「法人税率の引き下げ競争」が行われていることと、日本においては、安倍政権に入ってから二度も延長された「消費税率の引上政策」に見られるように、その拒否反応の高さなど、いくつかの壁があるからである。新政権の発足以来、税収は円安と株高で約14兆円の増収となっている。税収額は平成28年度は55・9兆円、平成29年度は57・7兆円と見込まれているが、これからは税収の増加は先細りになる。「国際経済の減税競争などへの対応」があるからである。現実に日本の「法人税の実行税率」は、安倍政権の政策で実質税率30％以下にする方針が打ち出された。そのため平成28年に29・97％に引き下げられ、平成30年（予定）には29・74％に引き下げられた。

しかし、イギリスが、平成28年4月から20％に、さらに19％に引き下げの方針を打ち出しているように、また、トランプ政権が「15％に引き下げる」ことを公約に大統領選挙戦を戦ってきたことや世界が減税競争に入っているように、日本も、法人税の実行税率の引き下げが行われていく気配を示している。それは「外資導入」と日本企業の「国内回帰」を進めていかないことには、日本経済の「成長戦略」を描くことができないからである。

日本の法人税の実効税率は、以上のように30％を切ったことになっているが、それは標準税率（表面税率）を基に計算した形式的な実効税率であって、本当の意味での実効税率を表している数値（税率）ではないことを十分に理解しておく必要がある。日本には「租税特別処置法」があり、「国の経済成長促進の観点からの政治的判断」で、主として大企業向けの減税策が採られている。その減税相当分を考慮しないと、「実質的な実効税率」はわからない。それは各企業によって異なってくるので、外部から推《お》し計《はか》ることはきわめて困難である。

朝日新聞経済部は『ルポ税金地獄』の「企業減税で恩恵を受けるのは超大企業」のなかで「研究開発や設備投資などにお金を使った会社は、その一定割合を法人税などから特例で減額される制度がある。…企業はこうした特例を多用し、減税を行ってきた。…2014年度に企業がまけてもらった税金は少なくとも約1兆1、954億円にのぼった」とし、ついでこの年の「特例減税額約1・2兆円の半分以上に当たる6、746億円は、企業の研究開発投資に応じた税金を安くする『研究開発減税』が占めている。トヨタはこの項目だけでも1、083億円と、ダントツの減税を受けていた」と記述している。本書は税金制度を批判する立場からの主張であるから、本件内容も「大企業への恩典制度」の1つとして取りあげている。しかし、自動車事業は裾野の広い事業であり、かつ、国の戦略的産業であるから強い支援は必要なのである。

7　地方財政の目的別・性質別分析

先に示した『地方財政の状況』による「目的別歳出純計決算額（平成26年度）」では、金額が多い順に見ていけば、民生費24・5兆円、教育費16・7兆円、公債費13・4兆円、土木費12・1兆円、総務費9・9兆円、衛生費6・1兆円、商工費5・5兆円、その他を含め総額が98・5兆円である。また「性質別歳出純計決算額（平成26年度）」では、義務的経費48・8兆円（うち人件費22・5兆円）、投資的経費15・5兆円（うち普通建設事業費14・8兆円）、その他の経費34・2兆円で、総額98・5兆円である。

義務的経費は、職員給与などの人件費のほか、生活保護費などの扶助費および地方債の元利償還金などの公債費からなっており、そのうち人件費が46・2％を占めている。投資的経費は道路、橋梁、公園、公営住宅、学校の建設などに要する普通建設事業費のほか、災害復旧事業費および失業対策事業費からなっている。投資的経費の決算額は15・5兆円で、対前年比2・9％（前年度の前々年度比は12・3％の増加）の増加となっている。そのうち普通建設事業費が14・8兆円で、上記決算額の95・3％と大半を占めている。この普通建設事業費は、公用施設または公用施設の新増設等に要する経費で、対前年比4・1％（前年度の前々年度比は14・0％の増加）となっている。通常収支分は13兆円で、そのうち東日本大震災分が1・5兆円で、そのほかに災害公営住宅整備事業や防災集団移転促進事業などの復旧・復興事業関係費などが含まれている。

また、『地方財政の状況』によると、平成26年度決算から普通建設事業費のうち「更新整備」と「新規整備」に要した経費を区分経理することになった。更新整備は、都道府県においては2兆円で、市町村では3・2兆円となっている。一方、新規整備では都道府県においては2・8兆円で、市町村では3・4兆円となっている。なお、更新整備は、「施設の耐震化工事、老朽化による改築や建替、建替に係る解体や設備の更新などをいう」とされている。新規整備は、「新たに公共施設等を整備したものに加え、既存の道路、橋梁等の拡幅及び歩道、車線の増設並びに既存の公共施設等への太陽光パネルの設置等機能強化なども含まれている」ことになっている。

普通建設事業費の目的別内訳のなかでは土木費が最も大きな割合を占めている。この土木費は、地方公共団体が地域の基盤整備を図るため道路、河川、住宅、公園等の公共施設の建設、整備などを行うとともに、これらの施設を維持管理するための支出である。ここ近年、台風や地震などによる災害が多発していることに加え、復旧活動に要する人件費や原材料などの高騰から広範囲に遅れている。

土木費の目的別支出では街路、公園、下水道等の整備、区画整理等の都市計画費が土木費総額の35・3%を占めている。そして道路、橋梁の新設・改良などに要する費用が33・6%となっている。地方公共団体別で見ると、都道府県では道路、橋梁費が最も大きく41・5%、市町村にあっては都市計画費の50・2%が最も大きな比重を占めている。

さらに、地方公共団体は交通事故等の防止を図るため、交通安全施設の設置および補修、交通安全運動の推進などの道路交通安全対策事業を実施している。本件関連費用は土木費以外に含まれているものを含め、また、人件費を除いた合計金額は約5、000億円である。この金額が十分な財源であるかどうかは、老朽化が進んでいるインフラ資産が、これからさらに老朽化割合が増加する事態を迎えていることから大きな財政的課題になっている。現実にインフラ資産の補修・更新の対象については、いずれの地方公共団体においても、多種多様な事案が多数挙げられている。そのため行政がその対応に追われている。これまでに触れてきたところであるが、小規模な地方公共団体の場合、たとえば道路地図が備えられていない、適切な人材がいない、下水道網が整備されていないなど多くの課題を抱えている。

昨今、問題とされているのは①高齢者の自動車事故、②自転車の無謀運転による事故と③通勤電車を中心とする鉄道車両の人身事故などである。プラットホームの自動開閉装置を順次設置しているが、鉄道車両の人身事故の減少に歯止めが効くほどには、まだ整備が進んではいない。プラットホームの自動開閉装置は、鉄道会社が設置しているが、また、乗客の利便性向上のためにエレベーターやエスカレーターが設置されている。身障者用のトイレなどの設置も進められている。これらの設備費用は全額、当該会社が負担しているわけではない。

同様に、鉄道会社が交通事故対策と踏切を利用する自動車や通行人のために、踏切をなくすための立体交差化工事を順次行っているが、全額、鉄道会社が負担しているわけではない。それらの事業を行ったとしても、鉄道収入の増加に直接寄与するわけではないので、収益事業を行っている鉄道会社にしてみれば当然のことである。多くの場合、施行・管理主体は鉄道会社であったとしても、過半の金額を国と地方が拠出して公共事業を行っている。このように行政の財政負担は大きい。

京浜急行電鉄もいくつかの駅を中心とする高架化工事を行っている。たとえば、蒲田駅を中心とする高架化工事がある。ところで、この一連の工事が完成して、新しい鉄道ダイヤが作られたときに「下りの快速特急が蒲田駅に停車しないこと」が判明した。これに対して大田区長が京急電鉄に大きな不満を漏らし、強い批判を行っていた。区として多額の負担金を拠出したのに、このような処遇（蒲田駅不停車）を冷遇と感じたからである。快速特急が止まるか止まらないかは、駅の階級（評価）意識に影響してくるからである。なお、大田区として巨額の負担金を拠出しているという主張は少し異なっている。これらの原資となるのは、主として固定資産税である。

地方自治法上、地方公共団体は、①普通地方公共団体と②特別地方公共団体に分かれていて、東京都の23区は特別地方公共団体に該当する。都の区は「特別区」であり、固定資産税などの徴収権者ではない。徴収は都税事務所が行っている。しかし、区としては、いずれ（各区）の場合も、大規模工事が必要な場合、予算の調製段階から都と交渉を行った上で、都から交付「予算配分」されてくる。そのような意味では、区として拠出しているとしても、都の財源からの支出ということになる。台東区の「上野中央通り地下歩道・上野中央通り地下駐車場整備事業」（総額約263億円の事業予算規模）なども同様である。この地下駐車場は東京メトロ（東京地下鉄株式会社）の銀座線・上野広小路駅の下部に築造するので、事業主体は東京地下鉄である。なお、駅舎やプラットホームなどの鉄道会社が事業運営上、直接に関係している施設・設備は当然に当該鉄道会社の負担としている。

『地方財政の状況』は第3部「最近の地方財政をめぐる諸問題への対応」のなかで「まち、ひと、しごとと創生の動き」として、以下のことを取り上げている。

我が国は世界に先駆けて「人口減少・超高齢化社会」を迎えている。人口減少を契機に、地方は「人口減少が地域経済の縮小を呼び、地域経済の縮小が人口減少を加速させる」という悪循環の連鎖に陥る可能性が高く、地方が弱体化するならば、地方からの人材流入が続いてきた大都市もいずれは衰退し、我が国全体の競争力が弱まることは避けられない。

…地方創生のためには、地方に「しごと」をつくり、「しごと」が「ひと」を呼び、「ひと」が「しごと」を呼び込む地域経済の好循環を拡大することが必要である。このため、

…地方からのGDPの押し上げを図るとともに、為替変動にも強い地域の経済構造改革を進めることにしている。

V　災害時の公園の役割

1　法制上の整備

都市公園法は、第1条（目的）で「この法律は、都市公園の設置及び管理に関する基準等を定めて、都市公園の健全な発展を図り、もつて公共の福祉の増進に資することを目的とする」とし、また、第2条（定義）第2項では、以下のものを「公園施設」としている。なお、公園施設とは、都市公園の効用を全うするため当該都市公園に設けられる次の各号に掲げた施設をいうこととされているので、「自然公園法」により決定された国立公園あるいは国定公園に関する公園計画に基づいて設けられる施設たる公園または緑地並びに同公園の区域内に指定される集団施設たる公園または緑地は都市公園に含まれない。国立公園や国定公園は「広大な地域」を、その範囲として定められているものであり、都市公園法における「都市公園」は、あくまでも地域住民が「身近に接している都市の公園」である。

前者は「自然」を主体とする公園であり、後者は「ひと」を主体とする公園である。

① 園路及び広場

② 植栽、花壇、噴水その他の修景施設で政令で定めるもの

③ 休憩場、ベンチその他の休養施設で政令で定めるもの

④ ぶらんこ、すべり台、砂場その他の遊戯施設で政令で定めるもの

⑤ 野球場、陸上競技場、水泳プールその他の運動施設で政令で定めるもの

⑥ 植物園、動物園、野外劇場その他の教養施設で政令で定めるもの

⑦ 売店、駐車場、便所その他の便益施設で政令で定めるもの

⑧ 門、さく、管理事務所その他の管理施設で政令で定めるもの

⑨ 前各号に掲げるもののほか、都市公園の効用を全うする施設で政令で定めるもの

日本の公園は明治時代以降に開設されたとされている。明治に入ってから、神戸の外国人居留遊園や横浜の山手公園などがそれであるが、当初は居留地の外国人専用の公園であった。当時の日本国民にとっては、公園は公園ではなかった。むしろ公園という認識がなく、その効用性を認める素地がなかった。ただし、日本では、江戸時代から景勝地として、旅人たちに褒《ほ》めそやされてきた宮城県の松島、京都府の天橋立、広島県の安芸の宮島（日本三景）が、明治時代に入ってから公園として開設された。松尾芭蕉が訪れた時代の松島は九十九《つくも》島とい

われていたくらい多くの島々があったが、その後に発生した地震によって崩壊の憂き目に遭い、島数が減少している。また、大名庭園である水戸の偕楽園、金沢の兼六園、岡山の後楽園（日本三名園）がある。この三名園からは外されているが、高松の栗林《りつりん》公園も有名である。高松藩は水戸光圀の子が赴任しているので、これも大名庭園になる。

公園は、用地を確保して、施設設備を設置して公園とする「営造物公園」と、地域を指定して規制により質（主要な要素は自然保護）の維持を行う「地域制公園」に大別される。前者に属するものが動物公園、都市公園、森林公園であり、後者に属するものが国立公園、国定公園である。国立公園は環境省が管理し、国定公園と都道府県立自然公園は都道府県が管理している。平成29年3月現在、国立公園は34カ所、国定公園は56カ所、都道府県立自然公園は311カ所ある。その面積は日本の国土面積のざっと14％を占めている。

自然公園法は、「優れた自然の風景地を保護する」とともに、その利用の増進を図ることにより、国民の保健、休養および教化に資するとともに、「生物の多様性の確保」に寄与することを目的として定められた法律である。現在、この「自然の保護」が破壊されかねない苦境にある。1つは「鳥獣被害」であり、2つが「自然の増殖による環境破壊」である。

都市緑地法は、都市公園法その他の都市における「自然的破壊の整備」を目的とする法律と相まって、「良好な都市環境の形成を図り、もつて健康で文化的な都市生活の確保」に寄与することを目的として作られた法律である。樹木などは人の手を入れないと「均整のとれた自然」を保つことができない。それは自然とはいわないという見解があるとしても、あるがままの自然は自ら自然を破壊しかねないからである。

2　公園の意義

東京都建設局のＨＰによれば「公園が提供するゆたかな『緑』、広々とした『広場』、そして『青空』はレクリエーションの場としてかけがえのないものであり、景観にうるおいを与えるものです。さらに、公園を構成する植物は大気を浄化する役目を果たし、広場は災害時の避難場所として機能します。また公園は、すぐれた自然の景観を保護する役割も果たしています」として、公園の機能・役割を説明している。しかし、都としては「災害時の被災地」としての役割も重視している。

平成27年4月1日現在、都市公園と都市公園以外の公園面積は合計約7、732haで、都民1人当たりの都市公園等の公園面積は5・76m²でしかない。このうち建設局で管理する都市公園（都立公園）、上野恩賜公園や井の頭公園のほか、文化財庭園や動物園、植物園など81カ所、約2、007haがある。そのほかに東京都には、ここに特記していない公園で、特別に管理している「庭園」がある。

都市公園は、地球温暖化の防止、生物多様性の保全による「良好な都市環境を提供するなど、諸種の役割が期待されており、「国家的な政策課題」のひとつとされている。たとえば、砧公園では、近隣住民の散策に、あるいは運動用地として、さらに一部では「野鳥（バードサンクチャリー）」の愛好家のため観察窓を設けるなどして自然状態の育成管理と動物愛護家の運動用地として利用できるように整備されている。

いずれにしても、震災や火災が起きた時の大きな災害が発生する危険性の高い密集市街地は、東京、横浜、川崎、大阪などを中心に全国で約2万5、000haある。とくに東京の場合、南西地区に対して、北東地区のほうが比較的密集地区が多い。戦後の都市開発が遅れていることと、地元住民の居住意識が強いことなどから、都市開発に反対している住民が多く住んでいる。このような地区では、とくに避難地、避難路、炎症防止などの拠点となる「防災公園」の整備が急務となっている。

公園には、市街地の一区画に花や草などの草木（ツツジやサツキなどの低木類を含む）や樹木（イチョウ、クスノキ、ケヤキなどの高木樹）を植え、池、噴水などを設置して、近隣の住民や勤労者たちに憩いの場を提供する公園、たとえば、東京都内でいえば、代々木公園（541㎡）、砧公園（392㎡）、善福寺公園（79㎡）、石神井公園（201㎡）などがある。また、動物、植物などを自然に近い状態で来られた人たちに見せるために作られた動物公園、植物公園、森林公園などがある。

東京都建設局のＨＰでは、「公園・緑地のみどりは、都民にやすらぎ・レクリエーションの場を提供し、都市に季節感などの潤いや風格を与えるだけでなく、地球温暖化対策や、ヒートアイランド現象の緩和や生物の生息地の保全などによる都市環境の改善に加えて、発災時の救援部隊の活動拠点や避難場所となるなど防災空間の確保による安心・安全な都民生活の実現などに重要な役割を果たし、成熟都市東京にとって必要不可欠な存在となっております」と説明している。

東京都建設局関係の予算規模は、平成13年度で５、０５４億円、その15年後の平成28年度で５、８７８億円となっている。増加額８２４億円（16・３％）である。単純平均で、１年当たり１％強でしかない。公園事業などの「予算の特徴」の１つが「災害から都民を守る」意図のもとに公園を整備していることにある。21世紀の早い時期にまでに「公園１人当たり面積７㎡」を確保するため、広域的観点から公園を整備する計画を立てている。この「公園１人当たり面積７㎡の確保（数値目標）」は、関東大震災における災害を契機として「人命救助」の視点から導き出されたものである。多くの人達が火災時の煙に巻かれて被災したことから、１人当たり避難地としての公園面積が７㎡程度あれば救助可能であると判断されたことによる数値である。

大正12年（1923年）9月1日に「相模湾北部を震源とする海溝型の巨大地震」が発生した。地震による災害損失は現在の経済計算で「約320兆円」に相当する観測史上最大の死者14万人を出している。地震の振幅は、安政の江戸地震よりも大きかったと測定されている。震源地は伊豆大島北端にある千ヶ崎の北15km付近の相模湾海底である。激震地域は、伊豆半島を横ぎり、三島から富士山麓を経て甲府盆地に入り、それから東北に進んで熊谷、館林、古河、下館を過ぎ、土浦から房総半島中央を横断して勝浦付近にまで渡るというかなり広範囲の地区が被災している。本震の震央が神奈川県西部、続いて東京湾北部、山梨県東部が3つの地震の震源となった。

東京の東部地区と横浜・小田原は壊滅的な打撃を受け10万人以上の死者を出したほどの大きな地震であった。横浜港の大半は海中に没した。神奈川県西部の根府川で、大規模な山津波が発生し、集落170棟が消失している。

江戸300年の歴史を誇る日本橋魚河岸は、震災で壊滅したため、現在の築地へと移転を余儀なくされた。地震後には、旧・東京市（人口250万人）の約132カ所で一斉に出火した。しかも、関東地方は折から風速10m／sの強風が吹きあれていたため、火は瞬く間に延焼し、9月3日午後2時頃まで類焼し続けた。その結果、市内総戸数63万3千棟の内、約40万棟が全焼した。延焼は隣家の飛び火で起こることもあるが、一定の温度（高温）に達すると自然的に発火することがあり、被災範囲が拡大していくことになる。

本所区（現・墨田区）の2万坪の空き地に約4万人が避難していたが、夕刻に火災旋風（火の竜巻）が襲ったため、ほぼ全員が焼死した。火災のため、深夜の東京の気温は46度まで上昇するなどの結果、さらに5万人の命が一夜で失われた。関東大震災では本震に続けて発生した「三つ子地震」の後にも、阪神・淡路大震災と同一規模のM7クラスの地震が合計6回も発生していた。東京の被害は、隅田川より東側が最も大きく揺れ、とくに隅田川から柳島一帯、本所の横綱から被服廠《ひふくしょう》跡地、深川の大部分が最も被害が大きかった。いわゆる「下町」と呼ばれている地区であり、地盤が比較的軟弱な地区であった。

他方、台地といわれる場所、いわゆる「山の手」とも称される地区は、比較的被害が少なかった。この被害が大きかった地区は、今度大地震が発生して利根川が決壊した場合の被害の程度が検討されているが、東京のなかでも低地地区になっていることから、大きな洪水被害を受けることになると想定されている地区である。利根川から流入するばかりでなく、決壊した場所にもよるが、下流地区では、上から流入するよりも早く、3日程かかるが、低地の水が湧き上がってくることが、調査・研究の結果、想定されることになった。それにより被害の大きさが拡大されている。

現在では、東京、新橋、渋谷、新宿、池袋などJR東・山の手線の主要な駅周辺を中心として新築の高層ビルが多く建設されている。これらのビルは耐震性構造もしく免震性構造となっているとしても、開発から取り残されている老朽化したビル、耐震構造の低いビルが残こされている。西新橋地区や上野から浅草にかけての一帯などにその現状を見ることができる。地震が起きた際、これらのビルの倒壊による被災並びに、戸建建物にしても、木材以外の化学材料が使われているから、大規模な火災が発生した時には、想定外の化学反応現象が発生して、人体に有害な物質がまき散らされる。災害はきわめて大きな損害を被ることになる。停電による被害が、ある意味で最も大きな影響を与える。現在の社会は電気がないと、すべての意思決定・伝達・行為がストップしてしまうシステムになっているからである。

東京都建設局によると平成26年度は、東伏見公園など8つの公園を整備し、平成27年6月には都立公園を、新たに6・5haを追加開園している。このように、毎年、整備しているが、目標としての「公園1人当たり面積7m²」の達成は、平成7年の5・34m²から15年経っても5・76m²にしか達成していないことを考えると、はるか遠い目標（達成不可能値）になっている。ニューヨークの29・3m²（平成9年調査時点、以下同一）、ベルリンの27・4m²、ロンドンの26・9m²と比較して大きく見劣りがする。

ところで、日本にいくつもある密集住宅区地区であるが、川崎市のケースをひとつ取り上げてみることにしたい。平成17年度版の川崎市の『包括外部監査報告書』によると市の事業計画は以下のようになっている。

川崎市では、市域全体のバランスある発展と高次な都市機能の集積を図る都市機能拠点の整備と、地区の特性を生かした良好な市街地の形成を図るため様々なまちづくり事業を実施している。小田二・三丁目地区は、戦前から京浜工業地帯に立地する工場労働者の住宅地として基盤整理が行われないまま無秩序に住宅等が建設されていったため、現在でも接道条件を満たさない老朽住宅等が密集する市街地となっており、防災上・住環境上の課題となっている。このため、「住宅市街地総合整備事業（密集住宅市街地整備型）」を導入し、老朽木造住宅等が密集、公共施設の不足等により、防災性の向上、住環境の整備および良質な住宅の供給が必要な地区において、老朽住宅等の建て替えの促進、生活道路や公園・広場の整備を行い、防災性の向上および公共の福祉に寄与することを目的として事業を進めている。

これが川崎市内の密集住宅地区である小田二・三丁目地区に対する「川崎市の事業計画概要」であるが、この地区の事業計画の推進はあまり芳しくない。小田急線新百合丘北部地区の新規土地開発事業並びに登戸北部地区土地再開発事業を優先的に進めているからである。それはひとつの理由である。この小田二・三丁目地区の再開発事業の進捗具合は低いままである。「無秩序に住宅等が建設された老朽住宅等が密集する市街地」は、土地の所有権が複雑に絡んでいる。所有権者以外の者が長期間居住しているようなケースもあり、この地区に居住している関係市民の賛意の取得が進んでいないことと、隣接する都市計画道路用地の収用が進んでいないことなどの要因がある。

しかし、この地区は住宅が密集していて、火災などの災害が起きた時には、大きな被害が発生する危険性が高い地区であることから、その事業の推進は喫緊の課題となっているが、障壁があって進捗していない。住宅が密集しているその程度は、この地区内にいくつかの狭い市道が通っている。それはマンホールの蓋の上に川崎市のマークが付されているので判別できる。この狭い市道は、自転車やオートバイは通り抜けできる程度の幅で、火災が発生したような場合、消防車や救急車は入ってこれない。

3　公園の役割

平成14年度版の東京都の『包括外部監査報告書』よると東京都の公園事業は、以下の3つの視点から整備を行うものとしている。

① 公園の整備は、水元公園など17公園の造成・用地取得、便益施設の整備を行うこと

② 動物園の整備は、上野動物園、多摩動物公園、葛西臨海水族館の展示施設の整備を行

うこと
③ 自然公園は、国立公園、国定公園、都立自然公園および小笠原諸島の園地、その他施設の整備を行うこと
また、「公園の果たす役割」として、以下の機能があると説明している。
① 都市環境の改善機能
二酸化炭素（CO_2）の吸収・固定、大気浄化やヒートアイランド現象を緩和すること
② レクリエーションやコミュニティ活動の場所の提供機能
スポーツ、文化教養や地域住民等の活動の場を提供すること
③ 都市の防災空間
大地震時の火災の延焼防止や避難場所、救援・復興活動拠点を提供すること
④ 都市景観の向上機能
住生活に季節感等のある潤いを与え、また、都市に風格を与えること
⑤ 植物の生息・生育空間機能
ヒートアイランドの観点からも植物の育成が大切になってきていること
⑥ 地域活性化の拠点機能
東京の「顔」と地域の「シンボル」として、観光集客の拠点となること

⑦　住民福祉の向上機能

都民の生活に潤いと安らぎを与え、生活環境を充実化させること

都市環境の改善機能と都市の防災空間の観点から言及すれば、阪神・淡路大震災時において、火災が発生した地区に大樹があり、被災の拡大を防いだケースがある。この大樹は水分を含んでいたことから、火災による温度の上昇を抑制する効果があった。公園という空間並びに植物、今のケースでは大樹であるが、景観維持や環境保全だけでなく、防災の側面からの効能もあることをよく理解して、整備事業を進めていく必要がある。

東京都は、阪神・淡路大震災が発生した時間帯が早朝だったこともあり、閉園中の有料公園内の広場等が「自衛隊の救援基地として役立った教訓」を活かし、オープン・スペースの確保として、都立公園についても、新たに以下の「都市公園整備計画」を明らかにした。なお、この被災時、道路網が切断されたことから救援物資の輸送に障害が生じたが、あるスーパーマーケットが保有している自転車をフル活動して、急を要する救急用品や生活物資を被災地に届けるなどして救援活動を支えたことが報道されている。三田《さんた》の倉庫から神戸市内の被災地までの長い距離をである。

⑧　救援・復興活動拠点となる都立公園の整備

環状7号線周辺などの都立公園を対象として、救援・復興活動の拠点として役割を果

たせるよう、広場の確保、証明・放送施設などの整備を進める。

⑨　避難場所となる都立公園の整備

避難場所としての安全性を向上するために、避難場所に指定されている都立公園について、防災樹林帯としての外周部の植栽や入口などの改良、非常用照明・放送施設などの整備を進める。

⑩　都立公園の震災時利用計画の策定

震災時における都立公園の円滑な利用を図るため、公園管理者と都民や行政などが連携し、災害時の公園利用計画および管理マニュアルを策定する。

このようにいくつかの整備計画を策定したところであるが、また、現在では改善されていると考えるが、当時（本報告書作成当時）、多くの行政に見られるように東京都の関連局部その他の関係機関との間における連絡網（横の情報伝達と意思疎通）が、必ずしも有効かつ適切にシステム化されていたわけではなかった。

その意味において、⑩の「災害時の公園利用計画および管理マニュアル」の査定と知識の共有は喫緊の課題とされてきた。そこで本報告書は「現在、都立公園の多くが広域避難場所に指定されているが、指定するのは都および市町村になっている。しかし、公園を管理する都や東京都公園協会と、広域避難場所の運営主体である区市町村との間で、災害時に備えた公園利用の具体的な協議は、必ずしも充分に行われているとはいえない。したがって、都立公園の震災時利用計画（災害時の公園利用計画および管理マニュアル）は、都および東京都公園協会並びに区市町村・警察・消防などの防災関係機関が、都民と連携していくことが必要である」と監査意見を述べている。

東京都は1人当たりの避難面積の少ない地域の公園の拡張整備を重点的に進めることにしている。そのひとつが「篠塚公園」である。篠塚公園は千葉県との境を流れる江戸川の西側に広がる計画面積269haの広大な公園である。江戸川と篠塚公園との間には、篠塚街道が走っている。「公園面積の狭い都内東部地区」において篠塚公園は重要な位置を占めている。篠塚公園の整備方針は、篠塚公園を江戸川の緊急用船着き場からの後方支援活動拠点として整備拡充を図り、幹線道路（柴又街道）にいたる「物資運送路を確保する」とともに公園と道路を一体的に整備することにより「安全で緑豊かな歩行者空間を確保する」ものである。現実としては、大変困難な問題を抱えている。「戦後の農地解放」により農家への払い下げが行われたことで、約167haを残すのみとなってしまった。現在に至り、それを取得（買い戻す）することは、巨額な資金を要すること、住民の同意を受けることの難しさなどから実現可能性については大きな問題がある。

この篠塚公園はA地区、B地区、C地区、D地区に分かれて整備を行っているが、「A地区の北部地区」は、野球場などがほぼ完成している。「D地区の西部地区」は野球場、テニス場と広場、その他の一部が完成しているだけで、ほとんどの用地が未取得の状態となっている。さらにB地区はほとんど用地が未取得の状態で、D地区の西部は公園化が進んでいるとしても、その他の大部分において用地の取得が進んでいない。なお、一部の用地では緊急支援拠点としてのヘリポート離着陸用地ができている程度である。また、A地区、B地区、C地区とD地区とは道路で分断されているため一体的な公園整備が難しい地形となっている。

篠塚公園は、これまでに取得された土地が「こま切れ状態」になっているところが多く、一体的に有効活用することが不適当な有様である。しかも問題とすべき課題は、計画地域内において「民間の不動産業者による宅地分譲が行われている」状態にあった。このようなことから考えると、都が計画する「公園整備計画は明らかにほころびが生じている」ものと理解される（平成14年当時）。

川崎市でも同様な現象がある。平成17年度の川崎市の『包括外部監査報告書』で取り上げた「稲田公園」に関わる項目がある。稲田公園は、多摩川沿いの多摩沿線道路に接する地区にある。稲田公園用地（取得済み分８５１㎡・購入済金額4億3、０００万円）は、川崎市環境保全局の要請により、川崎市の土地開発公社が昭和60年に取得した土地である。稲田公園用地付近は、川崎市の都市計画により公園区域の決定に基づき公園整備のために先行取得した。しかし、都市計画決定区域内に住居（中高層住宅を含む）が、多数、建設されている。そのため周辺用地の取得がほとんど進捗していない状態にある。

4　都の庭園と公園、役割の相違

東京都のいくつかの庭園と公園に触れていくことにする。都は「庭園」と「公園」を明確に区分して管理運営している。庭園は9つある。

①浜離宮恩賜庭園	250千㎡	代表的な江戸大名庭園
②旧芝離宮恩賜庭園	43千㎡	典型的な廻遊式泉水庭園
③小石川後楽園	71千㎡	水戸徳川家の江戸中屋敷
④六　義　園	88千㎡	柳沢吉保が造園した庭園
⑤向島百花園	11千㎡	江戸の庶民的で文人趣味豊かな庭園
⑥清澄庭園	81千㎡	全国の名石を配した明治期の庭園
⑦旧古河庭園	31千㎡	洋館とバラの洋風庭園と和風庭園
⑧殿ヶ谷戸庭園	21千㎡	林泉回遊式庭園
⑨旧岩崎邸庭園	17千㎡	明治期の洋館・和館と庭園

公園は都市環境の保全・改善、レクリェーションやコミュニティ活動の場、都市景観の向

上、地域活性化の拠点、その他種々の目的をもって整備されている。基本的に無料である。日比谷公園や砧公園などが有名である。他方、庭園は歴史的に遺産価値のあるもので、その維持保全に人の手を十分にかけており、有料である。

①　浜離宮恩賜庭園

小杉雄三『浜離宮庭園』（東京公園文庫）によれば、浜離宮庭園は「江戸時代を代表する廻遊式築山泉庭」であり、「特別名勝」と「特別史跡」の2つの価値を認められている数少ない庭園である。「この庭園のほかには、平安時代では平泉の毛越寺庭園、室町時代では鹿苑寺（金閣寺）庭園、慈照寺（銀閣寺）庭園、桃山時代では醍醐寺三宝院庭園および江戸時代初期の小石川後楽園の五ヵ所を数えるにすぎない」ことからみても、価値の高い庭園とされている。

この浜離宮恩賜庭園は「四代将軍家綱が1万5千坪の土地を弟の綱重に邸地として与えた」ことに発端がある。海浜を埋め立てて造園した。造園には多くの大名に賦役を課して完成させた。埋立地としても、長期間の時の経過によって、土砂の密度が高まったことにより、東日本大震災の時にも液状化による被害が発生していない。近年埋め立てられた舞浜では部分的ではあるとしても、改良工事が手薄とされた地域は液状化による大きな被害が発生している。時の経過が重要であることがわかる。この辺りは、当時、海浜であった。家康、秀忠、家光の3代にわたって、精力的な埋め立てを行い、江戸の町づくりが行われた。この庭園は、大震災が起きた時の避難地として、大きな役割を果たすことが期待されている。

② 小石川後楽園

小石川後楽園は、都営大江戸線飯田橋駅からが最も近い。吉川需《まつ》・高橋康夫『小石川後楽園』(同)によれば、「小石川後楽園は、水戸初代藩主徳川頼房のときに、将軍家から小石川に邸地を下賜《かし》されたことが創設の端緒である」とし、徳川秀忠から約7万7千坪を与えられた。ここに頼房は藩邸を建築し、中屋敷とした。「もと御三家の邸宅は、江戸本丸から紅葉山の背面にかけて配置されていたが、明暦の大火を契機に城外に移され、尾張・紀州家は麹町へ、水戸家は小石川へそれぞれ上屋敷を定める」にいたった経緯がある。

徳川光圀が死去した年、将軍綱吉がこの水戸屋敷に訪れた時にさらに1万余坪を添地として下賜され、総面積は約8万8千坪になった。現在の後楽園は約2万坪であるから、その4倍以上になる。その維持管理費用は大変な金額になっていた。いずれにしても「水戸家二代の光圀が頼房の跡を相続したのは寛文元年(1661)で、元禄3年(1690)に隠居するまでの30年間において庭園は大いに整備された」が、元禄15年に桂昌院光子(将軍綱吉の生母78歳）が後楽園の観賞に来た時に、園路の歩行に危険のないように大部分の大石や奇岩が取り除かれたことと、その翌年の元禄16年に起きた大地震で後楽園も大きな損傷を受けている。

第四代徳川宗堯《むねたか》は、14歳で藩主を継いだ。藩主は若年であったことから実父の松平頼豊（讃岐高松藩主）に藩政の指導を受けるとともに、後楽園の大改修を行った。その折、喬木700本以上を伐採し、大泉水のほとりの石巒（荒磯風の岩組）を崩し（破壊的行為）多くの古木を伐採した。後楽園創設後約100年を経過し、繁茂《はんも》しすぎた樹木が多かったとしても、過剰伐採で、庭園の美的景観を損なってしまった。

③　神代植物公園

神代植物公園の園名「神代」は、神代大緑地をこの地に作ることを決定した時（昭和15年（1940年））に、ここが神代村《じんだい》であったことに由来する。浅野三義・鳥居恒夫『神代植物公園』（同）によると、当該地区の用地買収は昭和15年から始まった「防空施設としての国庫補助を得て、1940～41年度の2年間にわたって計画通りの全面積（71万3、879㎡）の買収を完成している。…戦時体制下に入った神代緑地は、他の5つの大緑地ともども、今や名実ともに防空緑地として造成されることになった」という歴史的背景がある。しかし、現在の存在意義は、「植物公園」として、この公園の観賞者に四季折々、①ばら園、②ぼたん・しゃくやく園、③さくら園、④かえで園、⑤つばき園など多種多様な植物・花樹が、そのひとときの「憩いと安らぎ」を与えてくれる場になっている。同時に大震災などが起きた時の広域避難地として、大きな役割を果たすことが期待されている。

神代植物公園は「植物公園」であって、研究目的の「植物園」ではない。一般の利用者のためのレクリエーションの場であり、学童を中心とする社会教育を主たる目的として造られた施設である。雑木林「自然林地区」などの「自然保護」も、1つの目的要因に含まれており、そこでは「山草や野草の保存、保護」なども行われている。

正面入口の道路の両側には、樹高の高いシラカシが植えられている。シラカシは堅く重たい樹であり、防火・防風林としても利用されている樹種の木である。武蔵野大台地に住みついた農家は、シラカシで家屋の周囲を生垣で囲い、また、樹高の高いシラカシの下の部分にヒイラギモクセイ（常緑小高木）を植えた二段構《がま》えで、春先の北風から西風に変化する時期に吹く偏西風に備えた。この時期は、現在では偏西風に乗ってやってくる「黄砂」の時期である。シラカシは乾燥に強く、ケヤキとともに武蔵野の風土に適した樹木である。

④　小金井公園

小金井公園の面積は約75万m²で、23区の周辺にあって市街地の無計画な膨張を阻止する環状緑地帯の一部として都市計画的には有効に機能している公園である。最近の小金井公園について北村信夫ほか『小金井公園』（同）によると「小金井公園は開門以来、東へ向かって面積を広げてきた。公園の全体計画の上では、西側は歴史、教養ゾーン、東側は運動施設を中心としたスポーツゾーンという大まかな位置づけになっている」と説明されている。

小金井公園のなかには、昔の「武蔵野台地」の面影を残す意図のもとに「雑木林」が作られている。かつての武蔵野台地の雑木林は「スミやマキ」のために植林され、管理されてきた人工林であった。それらの木はだいたい40年で伐採されてきた。しかし、ここに植樹されているクヌギ、シイ、ナラ、コナラ、ミズナラなどの雑木は平成15年当時すでに60年以上育ってきたものが多くなってきた。そのためかつての「武蔵野台地の雑木林の面影」を現わしているかというと、問題がある。

なお、この公園の特徴は「見えない貯水池」にある。東京は、大雨が降ると、とくに最近よく発生する「ゲリラ雨（局地的に降る大雨）」が降雨すると、近隣の河川、下水道では応じきれず、地域一帯に浸水被害を起こすことになる。多少の雨ならば、土の中に浸透するが、大雨の場合、浸透しきれず地上に溢《あふ》れ出てしまう雨水がある。

小金井公園のなかには、広場の真ん中を低く、周りを高くした広場がある。大量の雨水を一時的に「遊水地、貯水池（流域貯留施設）」としての役割を果たすために設けられた広場である。雨が止んだ後、溜った雨水は、少量づつ時間をかけて、北側を流れる石神井川へ流水していく。雨水を流し終わると、元の広場に戻っているという仕組みである。

このような役割を担って整備された流域貯留施設はいくつもある。たとえば、善福寺公園を水源地とした善福寺川には、その流域に川の流量以上の大雨が降った場合、ある学校の校庭の地下に相当する部分に大きな空洞を作ってある。川の堤防の一部を低くしておき、それを越えて流れる雨水は、一時的にこの流域貯留施設に溜めておく。同様の施設は、環状六号線（山手通り）沿いの中目黒にもある。目黒川の流量が増加した時に、一時的に雨水を溜めておく地下施設である。この辺りはサクラの季節は花見客で賑わう場所でもある。

5　インフラとしての街路樹の役割

街路樹は、樹木の植生、育成、管理等の側面において、公園と密接な関係がある。また、環境保全、インフラの整備・保全とも深い関係がある。最近、災害時の事故や落下物による弊害や事故が起きている。1つに樹木の成長拡大と老齢化がある。そこでは、日照障害、眺望障害、景観障害や維持管理費用の増加による財政負担も発生している。多くのインフラ施設が老齢化して、更新もしくは再整備が必要な時期にきていると同様に、街道の並木道や都市部の街路樹は老齢化あるいは不適切な育成、維持管理によって育ちが悪く、台風などの影響を受けて倒木の被害が発生している。樹木の核が菌などによって空洞化し、強風が吹かない時でも倒木しているケースがある。

とくに、サクラは「枝垂れ桜」の寿命は長いとされているが、ソメイヨシノは平均60年とされているところから、いろいろなところで植え替えが行われている。とくに昭和30年〜40年代に多くのゴルフ場が造成されてきたが、これらのゴルフ場で、植え替えが行われているのを見ることがある。また、街の街路樹としては、田園都市線のたまプラーザ駅周辺でも、老木が切り倒されていて、古木と古木の間に若木が植樹されている。場合によっては、寿命が長いとされる八重桜に植え替えられたりしている。

近年、大々的な植え替えが行われたのは、鎌倉の駅前から鎌倉八幡宮に通ずる若宮大路の二ノ鳥居から三ノ鳥居にかけて設けられている参道の両脇に植樹されていたソメイヨシノである。樹齢（古木化）がきたことからすべてを伐採し、若木に植え替えた。枝先の成長を見越し、隣木との枝の交差（混ざり合い）を考慮して、以前よりも木と木の間を少し広くして植樹している。枝の先に咲く花びらのことを思えば大変結構なことだと思う。

サクラは樹齢により古木となり、菌（根株腐朽菌）の侵入などによる倒木の危険が発生している。街路樹のサクラは、地中の根のほとんどが歩道の下にうずもれていることから、根が酸素と水分を吸収し難い環境下に置かれている。これは樹木の生長に障害となっている。このような情景は、他の樹木でも同様である。歩道の狭いところに大きな樹木を植樹するときには、それらの樹木の「あるべき成長と樹形」を十分に考慮して植樹するべきである。

ところで、サクラは、近年、病魔に侵されて、一時、全国的に広がっていったことがある。その主要なものは①せん孔褐斑病《かっぱん》（葉の面に小さな斑点ができ、病葉は早く落葉する）、②こうやく病（枝や葉に菌が密集してフェルト状にコウヤクを塗った状態になる病気で、枝などが枯れてしまう）、③天狗巣病である。この「天狗巣病」は厄介な病気で、幹ではなく、枝に比較的密集して生える枝で、そこに生える葉は、他の正常な葉よりも色素が濃く、全体のバランスも悪く、容易に目につく。まず花が咲かない。正常な枝もしくは葉よりも養分をより強く吸収してしまうので、全体の樹木の体力を損ない、樹《みき》を枯らしてしまう。街路樹やゴルフ場などでよく目にすることが多い。このほかウメやサクラには「徒長枝」のように見栄えの悪い枝が生えることがある。普通、徒長枝には花が咲かない。

またマツには「松食い虫（マツノキクイムシ・マツキボシゾウムシなど）」が発生して、マツを枯らしてしまう病気がある。緑脈に入り込み、養分の脈流に支障を起こさせてしまう。ゴルフ場に植えられている「常緑樹の松」は、プレイしているゴルファーにとって大変気持ちの良いもので、景観に風格をもたらす「格好の良い樹木」である。しかし、ゴルフ場は「松枯れ対策」に大変気苦労を要している。マツがひとつの名物になっているのが、茨城県の大洗や宮崎県のフェニックスなどである。前者は防風林、防砂林をうまく利用している。また、県などの助成を受けてその保存に力を注いでいる。後者の場合も、海浜に接しており、潮騒が聞こえるところにあり、防風林、防砂林をうまく利用している。とくに高千穂の一番ホールのフェアウエーに「大きな盆栽型の銘木」があり、ゴルファーにプレシャーを与えている。

平成14年度の東京都の『包括外部監査報告書』では「街路樹は、夏には直射日光を遮る緑陰を提供し、蒸散作用によって気温の上昇を緩和するなど、ヒートアイランドと化した都市部における役割は大きい。…都市を訪れる人達の目に、最も触れやすい『都市の顔』とも言うべき役割を担っている。街路樹が見せる四季おりおりの表情が、都民や都を訪れる多くの人達に与えるやすらぎや思い出は、言葉や数値に簡単に置き換えられるものではない。街路樹は大きな価値がある一方で、並木としての統一感を持たせながら建物や電線などに制約された空間のなかで成長抑制を図らなければならない。そのため管理には『剪定という生き物を扱う特殊な技能と費用』がかかる」と記述している。

都市の中心部の「景観の改善・維持」には、街路樹の美観と電柱の地中化が大変重要なことになってくる。欧州では早くから「電柱の地中化工事」が行われてきた。昭和50年代の初期、ドイツのA都市からB都市へ移動する車の中から田園風景を見ているときに気づいたことは、電柱がないことだった。高圧電線の鉄塔と電線はあった。その眺望はひとつの美しさを与えてくれた。日本では、インフラ整備として、このようなところまで整備するほどの力がなかったということである。

ところで、街路樹の剪定方法にも問題がある。制約された空間のなかで成長抑制を図らなければならないからである。よく見かけることは、真夏の暑い盛りの時期に、太い枝を含めてバッサリ切っている。歩道を歩いている通行人に「ヒンヤリとした緑陰効果」を与えてくれる枝と緑葉を切り捨てている。行政の担当者にいわせると、毎年、剪定をすればよいものを、予算の関係上、3年に一度の剪定にしていることから致し方ないという説明であった。なぜ、真夏に切るかについては、説明がなかった。

このバッサリと切ってしまう剪定方法を「刈り込み方式」といい、この剪定法は樹木への負担が大きい。空気を吸い込む枝を切ってしまうため、樹木の生育の観点から見ると不適切な方法である。JR東日本の山手線の田町から品川にかけての国道15号線沿いのイチョウ並木に見ることができる。他方、「透かし方式」という選定法がある。この方法は、イチョウやケヤキなどの樹木によく使われる剪定法であって、樹木本来の樹形を活かす剪定法である。この方式に沿った剪定法を利用して、イチョウの樹形を保ちながら並木道を育成しているものとして、川崎市役所前の市役所通りのイチョウ並木に見ることができる。現在、このイチョウ並木のイチョウは円錐形になるように剪定されている。道行く歩行者に見栄えするイチョウ並木になっている。

6 街路樹の種類と機能

主要な先進諸国における街路樹も、街の景観に趣《おもむ》きを与えている。ロンドン、パリ、ローマの街路樹は見応えがある。樹種としては、日本では、イチョウ、サクラ、ケヤキが主流であるが、先の3都市は第1にプラタナス（鈴懸の木）、第2にマロニエである。この3つの都市で主要な街路樹としてプラタナスが用いられている理由は、各都市の行政関係者の説明では、①公害に強いこと、②育ちやすいこと、③塩に強いことが挙げられている。この3つの都市の街路樹であるプラタナスは、平均的にみて、地表から1mの高さのところで、直径が60～70cm以上の樹を多く見ることができる。日本の場合、せいぜい太いなと思ったものでも40cm程度である。

この塩に強いことについては、説明を要する。先に挙げた東京都の『包括外部監査報告書』では「ロンドンとパリは、冬は寒く地表が凍りつくので歩道に塩をまく。それは歩行者が足を滑らせないためである。ところで、プラタナスは、塩を葉で吸収する。葉は秋に落葉するので、幹や枝に影響を与えることが少ない。マロニエは、葉を付けた枝先に塩をためることから、樹木の育成上、問題があるということであった。

日本のもの（街路樹のプラタナスのこと）と比較して、並木（街路樹の1本、1本）として風格があり、夏の暑い昼下がり、涼風をもたらす緑陰を作っている。日本（多く見られる街路樹）では、太い枝を切り、かえって樹木そのものの育成を抑えてしまっている。それはプラタナスやイチョウばかりではない、その他の樹木でも同じような扱いをしていることが多い」と説明している。

実際、ロンドンでは9月の下旬は落葉の季節である。また、パリでは歩道の広さとも関係していることであるが、樹木の地表部分が比較的広くしていることと、場合によっては歩道に二重というか、並立というか、そのような植樹をしている場合がある。歩行者にとって「散策」が楽しめる。日本においても、銀座通りのように道路幅を狭めて、歩道幅を広げ、歩行者に気を配った歩道に改修していることがある。街路樹（イチイ）も見栄えがする。しかし、多くの場合、このような改修は「道半場」である。

とくに自転車専用道路にそれがいえる。最近、自転車事故が多発していることから自転車専用道路を作ることを企画しているが、歩道幅が狭い日本の歩道では、なかなか難しい課題となっている。オランダのケースでは、一般歩道のなかに赤く塗った自転車専用道路を作っている。歩行者はそれを避けて歩いているので、歩行者と自転車と衝突するなどの事故が少ない。日本の場合、自転車専用道路がない上に、自転車の運転者のマナーが悪いこともあって、危険な運転をしている者が多いことも自転車事故が多発している原因である。

街路樹で有名なのは、①「杜の都」仙台市青葉通り（定禅寺通り）のケヤキ並木、②東京表参道のケヤキ並木、③東京絵画館前のイチョウ並木、④「水の都」大阪御堂筋のイチョウ並木、⑤高槻市南平台のプラタナス並木などがある。各国に「国の花」がある。日本の各地方公共団体には「花」や「木」が定められているが、日本国家としては、国の花は「サクラ」であるが、国の木の定めはない。その結果、事実上「サクラ」となる。世界の各国には「国の木」は定められていないようである。「国の花」は、たとえば①イギリスはバラ、②フランスはユリとアイリス、③オランダはチューリップ、④中国はボタン、⑤韓国はムクゲ、⑥そして日本はサクラとキクのふたつが定められている。しかし、わたし個人としては、キクは「天皇家の花」ではないかと理解している。アメリカには国の花は定められていない。

ともかく各地方公共団体は「木と花」を定めている。東京都と神奈川県はイチョウである。イチョウ、ケヤキ、クスノキを県木としている県が多い。地方公共団体がそれをどのように育成しているのか、あるいは住民の憩いに意識づけしているのかというと、あまり成果を見ることがない。熊本県の県木はクスノキで、熊本空港から市内に通ずる道路の並木道がクスノキで作られているので、それと理解することができる。東京の港区の木はハナミズキで、新橋のレンガ通りは両側の街路樹はハナミズキである。外堀通りを挟んだ東側の通りにはクスノキが植えられている。こちらは千代田区である。千代田区の木はクスノキかと錯覚していた。区の木はマツである。

「街路樹の弊害」がある。障害としては①倒木による弊害、②水害時の弊害、③落下物による弊害、④街路樹によって信号機や道路標識が見えにくくなるなど障害物としての弊害があるほか、⑤落葉樹の落ち葉の清掃、⑥歩道が根で盛り上がりつまずくなどの不評が出ている。そのため枝の高さや広がりを考えて、植樹していく必要がある。しかも現在重要視されているのは、街路樹の老朽化により耐性が低くなり、倒木の恐れが高まったことである。

国交省が作成した「道路緑化技術基準」（昭和51年7月）の改正版が昭和63年6月に公表（通知）されている。同基準は、その目的として「本基準は、道路緑化の一般的技術的基準を定め、その合理的な整備及び管理に資することを目的とする」とし、また、道路緑化の基本方針では「道路緑化にあたっては、道路交通機能の確保を前提にしつつ、美しい景観形成、沿道環境の保全、道路利用者の快適性の確保等、当該緑化に求められる機能を総合的に発揮させ、もって、道路空間や地域の価値向上に資するように努めるとともに、交通の安全、適切な維持管理及び周辺環境との調和に留意しなければならない」としている。

Ⅵ　上水道事業と水道施設

1　経済的自立性の問題

地方公共団体には一般会計のほかに特別会計があり、さらに地方公営企業法による地方公営企業会計がある。地方公営企業は「公益事業」を建前に、赤字事業となっていることが多い。たとえば、病院事業であるが、地方公共団体が経営している病院事業は、多くの場合「弱者救済」を旗印に赤字事業となっている。しかし「病院事業の健全な存続」のためには、事業運営上「財政の安定的維持」は不可欠な経営要素である。

旧国鉄も赤字体質のまま、長い間運営されてきた。それが民営化後、経営体質が改善されて黒字化した。一般国民が感じたことは、「駅員の勤務姿勢」がまず変わったことである。それまでは上から目線であったものが、運輸というサービスを提供する乗客への接客態度に表れてきた。当時、接客態度が悪いのは国鉄職員と法務局職員とされていた。国鉄職員の基本的な接客姿勢が変わり、乗客の意識に変革を感じさせるようになったことの意味は大きい。その背景には、全体の国鉄職員に変革をもたらした「経営陣の経営意識の改革」があった。

なお、経営者の立場においては、「経営者の経営責任」の改革があり、まず「3公社5現業」からの脱皮である。3公社とは、旧体制下における①日本専売公社、②日本電信電話公社および③日本国有鉄道であり、その基礎には「経済基盤の独立性」の確保にあった。

平成7年6月から東海旅客鉄道（JR東海）の代表取締役社長を、平成16年6月から平成26年3月まで代表取締役会長を務めた葛西敬之《よしゆき》は、自著書『飛躍への挑戦　東海道新幹線から超電導リニアへ』において、「国鉄分割民営化」が取り挙げられたときに、JR各社の債務負担能力（元本返済能力と利息支払能力）を、政府が考慮して「新幹線保有機構」が設立されることになったという。この時に同機構が承継した債務総額は8・5兆円であった。

上下分離方式は、旧道路公団に採用されている。資産保有組織が「独立行政法人日本高速道路保有・債務返済機構」である。平成27年3月現在の財務省の同機構に対する保証債務等の額は2・2兆円である。ところで、この書籍の著者は、この仕組みは大きな欠陥を内包していて、分割民営化による株式会社は「経済独立性」を有していないことから、当初から解体されるべきであるとの立場に立っている。問題は本州3社が、どのように債務を継承するのかに焦点があり、どのように帰着するのかにあった。将来の経営運営に大きな課題（債務負担）が与えられることになるからである。著者は、土地を含めた資産設備を保有していない企業の「経営基盤の脆弱性」がひどくなると批判している。資産を保有し、減価償却をすることで、更新資金を積み立てていくことが大切な経営基盤であると主張している。減価償却をしないで利益を出して、その利益をリース料として新幹線保有機構に支払うのでは、手許に将来を見据えて実施すべき投資資金を用意していくことができないという。

新幹線が昭和39年10月に開業して、民営化移行問題が具体的化した昭和62年4月まで23年間、東海道新幹線は大規模修繕を実施してこなかったことと新型車両に対する積極的な技術開発（新車の投入）を行ってこなかった。そのため「さらに問題だったのが基幹構造物の、すなわち高架橋、トンネル、橋梁などは開業後23年間にわたり、全線均等に過酷に使用されてきた。いつ、それらの取り替えが必要になるかについては未知の世界であり、10年は確実に大丈夫だか20年を超えると一斉に取り替えが必要になる可能性がある、というのが土木技術者たちの当時の見方だった。したがって土木技術物を補強して寿命を延ばす方策、また更新工事の前倒しと延命工事による施工量の平準化策、さらに抜本的なバイパスの建設、などの検討が喫緊の課題であった」と、当時の課題を振り返っている。

その後、設備や車両の開発、新技術の導入により時速２７０㎞走行を可能にした。新幹線用の品川駅の新設も寄与している。その結果「平成26年３月には、ほぼすべての時間帯で毎時最大10本の『のぞみ』運転が可能となった。新大阪駅のプラットホーム増設（4面7線→5面8線）と引上げ線の増設（2線→4線）、加減速性能の高いN700系、N700Aの投入が進んだことの成果である」と説明している。本書では、触れられていないが、線路設備の更新も安定走行には重要な仕事であった、関係者の話によると、「のぞみ」投入時、高速走行での安定性のために、線路1m92kgを96kgに変えている。本書で触れている台湾における新幹線の独仏連合の技術では、トンネルに入った時の衝撃への対応技術がなかったことを指摘しているが、日本の新幹線は、車体が内側に少し凹《へこ》むことによって、緩衝機能を持たせている。トンネルに入ると空気は、一端内壁に追いやられ、跳ね返って車体にぶつかってくるからである。

また走行時間の問題であるが、東京駅から多摩川までの間と名古屋駅の手前、バックヤード置き場当たりの間の低速走行を解決すれば、東京～新大阪間の時間は10～15分は短縮することができる。それは政治的問題であるとしても、技術開発（騒音抑制）でいずれ解消可能になると思っている。

平成29年2月、東日本旅客鉄道（JR東日本）は、今後10年間で老朽化した東北新幹線のうち大宮駅と郡山駅間の約１８０㎞のレールを予算２５０億円をかけて交換すると発表している。東北新幹線は、平成29年で開業35年を迎える。東北新幹線は、福島で山形新幹線を分岐し、盛岡駅で秋田新幹線を分岐している。この分岐が平面交差しているため、分岐点での危険が大きいことと、分岐のレールの摩耗度が高いとされている。いずれにしても、未来を見据えた補修・改善は危険（事故）回避と安全走行のために必要な投資である。

2　都の水道事業

東京都の水道事業は、平成16年度版『包括外部監査報告書』によると「日量623万㎥の水源量を保有し、特別区（以下「区部」という）の在する区域および多摩地区25市町の存する区域、合わせて1,222㎢にわたる、人口にして1,205万人の都民に水道水を給水している。配水管の延長は2万4,782㎞となっている。しかし、水道施設の中には老朽化により機能が低下しているものがあり」、いつ、どこかで損傷を原因とする事故（破損、地盤沈下など）が起きてもおかしくない現況にある。なお特別区とは、地方自治法にいう「特別地方公共団体」であり、いわゆる「東京23区」のことである。

ここにいう「老朽化による機能の低下」の主張時点は、平成15年以前のことであるから、すでに15年以上が経過している。そのため、ある程度の補修・改善工事が行われているとしても、全体的に老朽化は、一層、進んでいる。本書によれば、最近5年間（平成11〜15年）の水道事業の財務状況をみると、「都の水道事業は、年間3,000億円から3,200億円程度の総事業費を掛けて、年間3、500億円の総事業収益をあげている。また、企業債の発行残高8、000億円から7、000億円へと、この5年間傾向的に減少しているものの、その残高はまだまだ高い水準にある」と説明している。総資産に対する割合は34・0％から、平成15年3月には29・1％に減少している。財務健全化の視点からは改善していることを示している。この当時、企業債は「借入資本金」勘定であったが、現在は会計基準が変更され「債務」として会計処理されることになった。この当時まで、企業債は、長期設備投資資金で、通常、返済期間は10年であることから「自己資本扱い」としていたようである。ただし、私はあくまでも資金提供先から調達した債務であるとして、この当時から、財務分析をする場合などでは債務として取り扱ってきた。

都の水道事業は、いずれの地方公共団体における水道事業も同様であると考えられるが、都の場合「現在および将来にわたり住民への安定給水を確保することを基本使命としており、その使命を全うするためには、水源の確保および水道施設の整備等の諸事業が不可欠である」ことから「高度浄水施設の建設や既存施設の更新など」が求められており、事業用の土地、施設・設備の更新・拡充などの事業が多面的に存在している。そのため巨額な資金が、常時、必要とされてきた。

ところで、当時（視察した時期）、玉川浄水場の沈でん池（普通沈でん池「緩速」1・2

号池）は休止中で、水は入れられていなかった。他の薬品沈でん池2・3・4号池は使用されていた（満水状態）。なお、休止中の沈でん池は2年後の再往査時には、他に転用されるために空き地にされていた。このように、施設の新陳代謝が行われている。都は「水道事業が都民生活と首都東京の都市活動を支えるライフラインとしての使命を全うしていくためには、効率性と成果を一層重視した事業が求められている」ことから、平成16年9月に『東京水道経営プラン2004』を策定している。

東京都は、都民ニーズに対応した質の高いお客さまサービスを展開していく必要性から、以下の3つを柱として、必要な施策を実施していくとしている。また「最大限の企業努力をすることはもとより、事業の広域化やアウトソーシングの推進などにより、効率性の一層の向上を図り、堅固な経営基盤を確立する必要がある」としていろいろな事業を行っている。

① 安全でおいしい水の安定的な供給に向けた施設整備の着実な推進を行うこと
② 都民ニーズに即応したお客さまサービスの積極的な展開を行うこと
③ 地球環境への配慮や国際貢献などの企業としての社会的責任を遂行すること

鉄道事業は、線路が始発駅と終着駅が分断なく接続していないことには運営できない。同様に水道事業は、供給する地域を網羅する形で、最遠利用者まで給水管を配管していく必要がある。それ自体巨額な投資を必要としている。鉄道事業に操車場が必要であるように、水道事業においても貯水池、調整池が必要とされている。これらについても、ある程度の大きさの土地と資金が必要となる。

たとえば、都は埼玉県の所沢市と入間市の境界にまたがって広がっている人造湖である山口貯水池（狭山湖）を設けている。また、その下流（南）に位置する東村山市・東大和市に村山貯水池（多摩湖）を設けている。いずれも「東京の水がめ」として重要な役割を担っている。狭山湖の水が多摩湖に流れていくようになっている。

この多摩湖のすぐ下（低い土地）は、密集した住宅地区である。築堤は頂上部分が幅10mほどの堤防である。住居地区側に二段構えの築堤にしてある。高い部分より一段（8m程度）低く、高い堤防を支えるように作られている。この2つの貯水池を視察に行った時は、「築堤の強度保修」を行っていた時であり、貯水池の水抜きが行われていた。そのため貯水池の底地が表れていた状況にあった。底地を観察することができたときの感想としては、意外と浅い貯水池である思った。多摩湖の築堤の貯水側の下部を補強する工事が行われていた。ところで、第2次世界大戦の終戦間際、アメリカ軍の爆撃攻撃を受けたことがあるが、この築堤はびくともしなかった。案内人の説明である。それだけ堅固に築造されていた。底地に溜まったヘドロを取り除くとともに「築堤の強度向上工事」が実施されていた。この水が玉川浄水場に送られてくる。

都の水道水は、多くを利根川に依存しているが、都の南西地区は小河内ダムに貯水した多摩川の水を利用している。多摩川の河川水は利根川の水より上質とされている。利根川の場合、上流部で田んぼなどに利用された水が、利根川に戻ってきた水が多いからである。ある意味で再生水であるため、濁りが混在している。そのため利根川の水は高度浄水処理を行って、水道水として利用している。

都が公表している『東京水道経営プラン　2016（以下「プラン」という）』（東京都水道局編）によると「水源の確保」に関して「我が国の年平均降水量は世界平均の約2倍ですが、国土が狭く人口が多いため、国民1人当たりの降水量は世界平均の3分の1程度になっています」と説明しているが、本州の国土の特徴に問題がある。青森県から山口県にかけての地形は中央（背骨に相当する部分）が山岳地帯で、この中央を中心にしてすべての河川が日本海か、太平洋に流れていく。そのため河川の勾配が急なため、降った雨は短時間に降雨流域の河川に流れていくので、洪水被害に遭いやすい自然環境にある。他方、平成23年7月から約3カ月間、雨に見舞われたタイランドでは、50年に一度という大雨がチャオプラヤ川上流に降雨した。ダムの貯水容量を超えて流水した河川水が、チャオプラヤ川中流域に到達するのが、3日後というように、日本とはまったく異なる自然環境にある。

都のプランでは「都の水源の約八割を依存する利根川・荒川水系では、近年、3回に1回程度の割合で、取水制限を伴う渇水が発生して」いることが問題視されている。また「これまで自然の推移に委ねていた天然林では、近年シカ食害等による下草の喪失に加え、クマ被害も顕著となるなど、新たな課題が顕在化してきています。また、小河内貯水池への土砂流出の影響が懸念される民有林などを積極的に保全していくことが重要です」とし、また「森林資源の健全な育成確保の必要性」を訴えている。

多摩川の河川水は、羽村取水堰から引き込みが行われている。かつては田園地区には、田園に火が出たときに、延焼（被災の拡大）を防ぐ防火用水としての「野火止め用水路」があったが、羽村取水堰からの供水が止まって、朽ち果てるかのような状態になってしまった。一部の復元要望が出て、多摩川の水を一部配水することになった。羽村から流れている水を福生市から志木市に向かって、ほぼ西から東に流れる「野火止用水路」が復活したのである。現在、機能的には環境保全と観光用である。昔をしのぶ田園風景への回顧である。

3　水道事業と給水資源

水循環系において、地下水は河川の流量の安定化、土壌などによる水質浄化やミネラル成分の付与、自然環境の保全や湧水などによる水辺空間の形成など、重要な役割を果たしている。地下水は、年間を通じて温度が一定で低廉であるなどの特徴から、高度経済成長期以前まで良質で安価な水資源として幅広く利用されてきた。高度経済成長の過程で、地下水採取量が増大したため、地盤沈下や塩水化といった地下水障害が発生し、社会問題となった。

このため地下水障害が顕在化した地域を中心に、法律や条例などによる採取規制や河川水への水源転換などの地下水保全対策が実施された結果、近年では大きな地盤沈下は見られなくなった。採取規制の具体的施策のひとつが井戸掘削規制である。調査としては、入口（給水）と出口（配水）の比較調査が行われている。明らかに合理的な理由による差異が発生する事業がある。たとえば、製氷会社である。製氷を商品として販売している関係上、給水を受けた水量よりも排水量はきわめて少ない。また、風呂屋（銭湯事業）の場合、水道水のほか従前から井戸水を使用していることから、給水を受けた水量よりも排水量はずっと大量になる。「下水道料金の徴収」においては、このような事情は配慮されている。採取規制を受けて、いくつかの事業者は井戸を掘削した。地下水の過剰吸水により、地盤沈下が起きたところでは1m以上沈下したところがある。井戸掘削規制によって地盤沈下を抑止できたとしても、元の高さまで地盤が復帰することはない。沈下した状態を維持できるだけである。

今後も、地下水の保全を図りつつ持続可能な地下水利用を進めていく必要がある。水の使用量の推移をみると、都市の用水は、昭和50年以降から60年代前半までの間は横ばいであったが、昭和62年以降わずかずつ増加してきている。井戸掘削規制の結果、大きな影響を受けているのが、地下を使用している鉄道事業者である。乾いたスポンジが水分を含んだ状態になると重みが増す。その結果、構内の壁に圧力がかかってくる。水圧に耐えられる壁に補強していく必要が生まれている。

地下水の水位が上昇したことによって、単純にいえば「線路の浮上化現象」が起きている。そのようなところでは、地盤の堅固化工事が必要になっている。さらに地下水を汲み上げて、浮上化現象抑制策を取っている。関係者の説明によれば、JR東日本の上野駅では、汲み上げた地下水を東海道線の脇に排水路を敷設して、品川駅近くまで移動させ、海に排水しているとのことである。

いずれにしても、平成19年度の台東区における『個別外部監査報告書』に、東京都環境局「東京都の地盤沈下と地下水位の現況について」の『地盤沈下調査報告書』(東京土木技術センター作成)を参考にした記載事項がある。そこに記載されているなかに「区部低地部の地下水位の経年変化表」がある。

区部低地部①亀戸、②南砂町、③両国における各第一ポイントの観測値(単位:T・Pm)が表示されている。亀戸は、平成元年の△11・78から平成17年には△6・14に浮上している。南砂町は、同一年度比較で、△10・41から△5・39に、また、両国では△15・38から△8・70に水位が上昇している。T・PとはTokyo Peil(オランダ語)であり、東京湾の平均海面水位（中等潮位）のことである。地下水位が東京湾の平均海面水位より、「どの程度の高低差になっているか」を示しているものである。以上みてきたように、地下水採取規制によって、地下土壌に水分が溜まり、水分を含む土壌部分が上昇している。

生活用水の大部分は、水道によって供給されている。水道事業は、主に市町村により経営されており、このうち給水人口が5、000人以下であるものをとくに簡易水道事業といい、それを超えるものを便宜的に上水道事業と呼んでいる。総務省編『地方財政の状況（平成28年3月）』の資料編「地方公営企業の事業数の状況」によれば、平成26年度の上水道事業体数（すべて地方公営企業法適用企業）は1、348で、簡易水道事業体数（同法適用企業）は26で、法非適用企業体数（地方公営企業法非適用企業）は723で、合計749となっている。なお、工業用水水道事業体数（すべて法適用企業）は154となっている。水道からは生活用水のほか、食料品産業など一部の工業の用途としても供給されている。

水供給の水源としては、河川水（湖沼水を含む。以下同じ）、地下水、湧き水、溜め池、さらには雑用水や海水の淡水化などがあるが、河川水と地下水が水源のほとんどを占めている。そして水道水の水源の70％が河川水である。地方には有名な湧水がある。富士山の山麓には多くの湧水があり、柿田川（狩野川の支流）の源流どころの湧水などはとくに有名である。これらの湧水は、富士山に降った雪や雨が、土中に浸み込んでいく。上から重みがかかり、順次、下に浸み込み、約10年後湧水となって土表に出てくる。これは現地の人たちの話であるが、そうすると富士山には約10年分の雪水や雨水が浸み込み貯水されていることを意味する。10年濾《こ》されて、おいしい水が湧いてくる。富士山の降水量は、平均して1日約600万tと試算されている。そのうち25%が蒸発するとして、残余450万tが土中に浸み込んでいる計算になる。何年もの間、濾《こ》されて、地下にあったバナジウムなどのミネラルを含むうまい水とされてきた湧水である。

いずれにしても、河川流量は、季節やその年の降水量の影響を受け変動するため、必ずしも安定的に供給できるわけではない。そのため貯水能力を高める等の施設を建設して年間を通じて、安定して利用できるようにする必要がある。また、新たな水利用を行う場合、従来からの水利用、河川の水質や生態系の保全など流水からの正常な機能を維持した上で、安定した水利用が可能となるようにしていかなければならない。現実問題として、富士山麓の三島地区において、これまで1年を通して湧水が見られてきたが、ところによっては、冬季（乾季）に涸れてしまうことがある。

なお、国交省編『日本の水資源』（平成15年版）では「水利用は、それぞれの用途に応じた適正な水質を前提としており、公共用水域や地下水の水質の悪化は、水資源の利用に制約を加えることから、その防止と水質の改善は、水資源の保全の観点から重要な課題である。

また、安全な水、おいしい水への国民の志向が高まっており、安全でより良質な水を確保するための対策の強化が一層重要となっている」と説明している。日本では、都市用水の70％が、河川水を水源としている。湖沼水域の一部には、栄養塩類の流入などによる富栄養化が進んだ結果、アオコなどの発生による悪臭や当該水域を水源とする水道水のカビ臭等の問題が生じている。とくに夏季に発生する臭気はところによってはひどいものである。1つが相模湖のケースである。上流域の簡易下水道の影響を受けたものである。

さらには、富栄養化が進んでいない比較的水質が良好なダム湖などにおいても淡水赤潮が発生しているケースがある。一方、都市部を貫流する河川の一部には、水質が悪いまま推移しているものもある。水資源の利用は、用途に応じた適正な水質が確保されていることが前提とされているため「公共用水域や地下水の水質悪化の防止と改善」は、水資源の保全という観点から見て、重要な課題である。都市用水の水源の約26％を占める地下水は、一般的には良質の水源であるが、一部ではトリクロエチレンなどによって汚染されている。水量の問題としては、平成29年7月、九州北部に約1週間、大雨が降り続け大きな被害をもたらしているが、他方、首都圏には降雨量が少なく、植物などには逆に、水不足という「負の影響」をもたらしているケースがある。

4 森林の役割と保護の重要性

水資源や水害被害の視点から見た場合、「森林の樹木」が果たしている役割は非常に多岐にわたっている。森林の役割は「水の貯蔵」だけではない。植物が空気中の「二酸化炭素を吸収して酸素を放出する」ことはよく知られている。上流に森林を持つ河川の河口やその周辺の海は「よい漁場になる」ことが知られている。そこでは「森が魚を育てる役割」を果たしていることは、かなり古くからいわれてきた。いくつかの地区では、上流地区の山間部の森林を大切に育ててきた。東北、三陸海岸のある漁場で、不漁が続いたことから、その原因探しが始まった。漁場近くの河口に流木など浮遊物が増えていることがわかり、上流部の山林の育成を行い、植樹した樹木が大きく育ち始めたころから、漁業収穫高が増えている傾向にあることがわかった。

しかし、近代社会の文化の発展、すなわち「都会化社会」と「高学歴化社会」の進展が、林業の生活可能性を奪っていき、「林業事業の衰退化」をもたらした。その結果、森林の育成がおろそかになり、「山林の崩壊」が始まった。他方、自然災害、とくに大雨による洪水被害回避対策として、護岸工事が多く行われた。また、河川の上流地区の宅地などの開発によって、大雨が降った時の洪水被害を防止するために護岸工事を行っている。その行為は、自然の流れをいなすのではなく、封じ込める方法である。見方を変えれば、「自然との調和」ではなく、「自然との対決」である。そのため、時として自然の力が、それを上回わり、大災害を起こさせることにもなっている。

日本は、国土の70％ぐらいが森林に覆《おお》われているが、利用可能土地の人口1人当たり面積でみると、非常に小さい計算値になる。その上、緑のある場所が都会から離れているから、その恵《めぐみ》を受けていることを理解できる機会が少ないのが、現実である。「森林の機能」としては、①雨水浸透機能のほか、②防音機能、③気象緩和機能、④塵埃《じんあい》吸着機能、⑤汚染物質吸着機能、⑥酸素供給・二酸化炭素吸収機能、⑦風致・景観保持機能、⑧水質保全・水蝕防止機能、⑨洪水防止機能、⑩山崩れ防止機能などがある。

これらの機能に関連したものとしては、「棚田」の問題も関係してくる。棚田は、機械化農作業が不適合のため、つまり「労働生産性が低い」ことから、近年、放置されていく傾向にある。棚田は、最近、自然環境の景観からその維持が見直されているが、継承者がいないことが大きな問題になっている。「棚田の放置」は、大雨が降雨した時の貯水機能を果たせなくなり、つまり維持管理していない「棚田の畦道《あぜみち》」は保水能力を喪失している。ある程度の貯水で崩壊し、流れ出す。それが下部の棚田を壊し、いくつもが合流していくことによって、より強い激流となって流れ出ていくということから洪水原因ともなっている。

わが国における森林を構成している樹木であるカシやシイなどの照葉樹林は、全森林面積の0・06%できわめて少ない。むしろ、みじめな状態になっているのが実情である。森林のなかの樹木の構成（混交林）が大切である。多くの人工林であるスギ・ヒノキは、意外と根が浅く、傾斜地に植樹されている場合、陽当りが良く、育ちもよいとされているようであるが、山崩れ防止耐用能力が低い。大分古い話になるが、伊豆半島の海岸線を走っている鉄道電車がある。ある年、下田地方に局部的に大雨が降った。ゲリラ雨である。蓮台寺に近いところにトンネルがある。このトンネルの上を細い川が流れている。トンネル近くの山（傾斜地形・スギ林）が崩れ、この川から流れてくる雨水をせき止めてしまった。その雨水はトンネルのなかにまで流れ込み、トンネルを通行不能にした災害事故があった。いつもは、ほとんど水が流れていない川で、近所の人達もあまり気にかけるほどの川ではなかった。このトンネルは、伊豆高原方向からは上りになっているが、途中から蓮台寺方向に向かって下りになっていたため流水のはけ口がなく、流水が溜まってしまったのである。

森林への影響は、複雑な要因がからみ合っていることが多い。なぜ、大気汚染で樹木が枯れるのか。植物に酸性水をかける実験では、イネ、マツ、ヒマワリなど多くの植物で、pHが3・0以下になると葉の表面に壊死《えし》斑点が現れる。針葉樹の被害が目立つのは、落葉広葉樹が、毎年、葉を落として更新するのに対して、針葉樹では何年も葉をつけている種類が多いために、木の弱り方もそれだけひどくなるため、と考えられている。しかし、はたして、そうなのだろうか、マツ（マツバ）などは秋と春、二度、生え変わる。その現実は、ゴルフ場でラウンドしていると実感としてわかる。風の吹く日、グリーンの上に散らばっている枯れたマツバは邪魔物でしかない。

生物界のなかでも、森林が炭素の吸収・貯蔵に果たしている役割が非常に大きいことは認識されている。また、森林は循環資源である木材を提供し、水の循環など様々な環境の形成に重要な役割を果たし、多様な生物を育む命の源でもある。主な地球環境問題としては、地球温暖化の他にオゾン層破壊、大気汚染（酸性雨）、海洋汚染、水質汚染、土壌汚染などがある。森林の伐採や都市化の開発が「森林の破壊」となり、「地表の砂漠化」を呼び込んでいる。ボルネオ島などで行われている「焼き畑農業」も、森林破壊と同様な現象を起こしている。

森林の適切な育成と保全は、地球温暖化の要因であるCO_2の排出量削減に欠かせない。日本としては、自国の森林の育成と保全に力を注ぐとともに、とくにアジア地区で伐採を続けてきたことからも、このアジア地区を含め、世界で「森林の整備」に協力していくべきである。とくに日本は東南アジアや北米から木材を輸入してきた。東南アジアのラワン材は、材質が軟《やわ》らかいことから、加工が容易であるため、よく合板材、建築材、箱材として利用されている。主要な産地はフィリピン、ボルネオ、インドなどであることから「南洋材」とも称される。日本では主にフィリピンやインドネシアから輸入している。

木材は、それが育った気候風土に影響されるので、住居用木材としては、とくに主柱などは地元の木材（地産地消）を使用すべきであるが、その希望は贅沢であり、高い建築費となる。最近は建売住宅が多くなっていることもあり、注文住宅（個人の好み志向）は、宅地の確保と建築代金の関係から手が出せない。バブル経済時代、京都の「北山杉の床柱」は、40年もので60万円、60年もので100万円とも評されていた。北山杉は川端康成『古都』の舞台にもなったところであり、この「床柱の仕上げ」（女子労働）も取り上げられている。この北山杉は、気候に敏感で関東以北では育てられないともいわれている。この床柱は、スギの育成に合わせて、ひとつの形（人工的に丸みある凹凸を造成する）を造っている。鎖帷《くさりかた》子《びら》のようなものを用いて、一定の均一的な太さと造形美を醸《かも》し出す育成方法である。

日本国内では、森林の破壊が進んでいる。他方において、企業の事業の必要性から森林が造成（植樹と育成）されていることも確かなことである。日本の大規模森林所有者は林野庁であるとして、民間では①王子製紙が約19万ha、②日本製紙が約9万ha、③三井物産が約4・4万ha、④住友林業が約4万haとなっている。製紙会社が山持なのは、原料とすべき木材チップ用の森林資源が必要であるからである。しかし、木材チップ用の樹木を中心とする森林は、決して望ましい「求められるべき森林の育成」になっているのかは、必ずしも適合しているわけではない。混交林が望ましい森林構成だとしても、企業サイドとしては、利用価値は低い。単一種類の原料の収穫に差しさわりが出てくるからである。

伊豆半島の伊東に近いところにあるユーカリ山は、もともと、建築用材として育成の早いユーカリの木を植樹したものとされているが、このユーカリの木は建築用材としては不適合であった。軟材で、強度が低いからである。ユーカリの木はコアラが食べる木としてよく知られているが、コアラが食べる木はユーカリのなかでも限られた木である。ユーカリであれば、どれでも良いというわけではない。ユーカリの木の原産地はオーストラリア、タスマニア島とニュージーランドである。銀色がかった葉をつけ、木肌は白っぽい高木である。育ちの早いポプラの木も建築用材としては不適合な木である。主として利用されているのはマッチの棒の部分ぐらいである。

将来の利用のための「植栽と森林の育成」に大きな力を注いでこなかったために、世界のいたるところで砂漠化している地域がある。これは長い歴史の教えるところである。江戸時代、何度も大火に見舞われて、復旧のために多くの樹木が伐採された。伐採されたままの禿《はげ》山《やま》は山崩れや洪水の原因ともなっている。このようなこともあって、いくつかの森林は幕府（天領）の保護の基に、また、大大名によって育成・保全が行われてきた。幕府と諸藩は林産資源保護のため「御山」（伐採禁止等森林）を設けて森林育成を図った。これを「留山制度」といった。秋田藩の秋田スギや尾張藩の木曽ヒノキなどが有名である。

話を現代に戻す。岐阜県は総面積の82%が森林であり、飛騨地方は天然広葉樹が多く、木曽川流域はヒノキが多い。また、長良川流域と揖斐川流域はスギが多く、人工林である。ただし、白井裕子『森林の崩壊　国土をめぐる負の連鎖』によると「外材率が高い揖斐川、長良川流域では、製材技術や産業基盤などが十分に、整備されない状態で外材をひき、外材原木の減少と共に国産材が伐期を迎えても、それを受け入れるだけの流通経路や需要先、製材加工技術が発達してこなかった」と記述している。

つい最近まで、木材は種々のインフラ整備に必要とされてきた。鉄道の枕木もそうであるが、昭和39年の東京オリンピックに向けたインフラ整備の時代、上下水道や地下鉄工事は、露天掘りであり、交通路の確保などのために利用されてきた。そのため、植林も行われてきたが、それらはスギとヒノキを中心とする人工林であり、単層林であった。山火事や一期の切り出しを結果することになる。それを避けるために、ところによっては「火避け地帯」を設けたり、また、多層林の植栽が奨励されることになった。

現在の日本の人工林の多くは若齢段階にあるが、林業事情の悪化から間伐がなされずに放置されている。そのために林内が暗くて下層植生が乏しく、土壌が侵食されやすいなど環境保全的に問題のある森林が多く、洪水被害が発生しやすい環境にある。若齢段階が数十年続くと、樹冠同士の間に隙間が埋まり、枝同士が密集し、樹木の生長を阻害する。林内の土壌に必要な陽射しが妨げられ、薄暗くなって下層植生が行われにくくなる。そして土壌の肥沃さが減少する。そのためにも「間伐などの手入れ」が必要なのであるが、間伐材の価格が低いこともあって、必要な手入れがなされず荒廃した森林が増えていく。良好な水道水源林の確保のためにも森林の保全は必要である。

前掲した『森林の崩壊』では、「戦後の拡大造林で国土の4分の1以上が人工林となり、そのうち4割以上を杉が占めている。これはほっておいても自然な林には戻らない」というが、人手の入っていない人工林は治山治水に劣るどころか、土砂災害の引き金をひくことになってくるため、現在、「人工林災害はリスクが高い森林」となっている。広葉樹林の保水能力を見直すべきである。自然に近い森林の育成が必要とされている。

土壌構造が発達すると土壌の保水性は高まり、森林の水保全機能は高まる。降雨した雨水の下流流域への到達に時間がかかり、地中に浸透する雨量が多くなり、水の豊かな利用が可能になる。土壌の保水機能の高さは、土壌の表層リター（落葉や落枝など）の豊かさ、土壌構造（孔隙）の発達度合および土壌層の厚さによって決まる。

森林土壌に蓄えられた水は、地下水として徐々に河川に流れ出すとともに、蒸散（植物の生理作用による植物体からの水の気化）によっても徐々に大気中に放出される。日本に多く見られる湧水は、この土壌で濾過《ろか》された栄養度の高い清水《せいすい》である。蒸発と合わせて「蒸発散」というが、蒸発散により森林とその周辺ともに気温の較差は緩和される。森林がなくなると、このような「水の循環系」が失われ、その地域から地球規模にいたる降雨条件に狂いを発生して、大きな自然破壊を起こしてしまう。世界各地で問題になっている砂漠化現象の進行は、森林を含む植生減少のメカニズムによるところが大きい。森林は気象形成に大きな役割を果たしているのである。

5　森林破壊とインフラ整備

近郊の山を歩いていると、沢や林道の脇に大量のゴミが捨てられているのを見ることが多い。東京都の水源林の一部がある狭山丘陵の尾根づたいの林道においても、家電製品や廃車が捨てられていた。最近、といっても30年ほど前からの問題であるが、産業廃棄物を山中に不法投棄していることが取り上げられている。

産業廃棄物では、香川県の豊島《てしま》が有名で、香川県よりも岡山県に近い位置にある。産業廃棄物が長年にわたって不法投棄され、「死んだ島」ともいわれてきた。島の周囲に魚がすんでいない。赤潮などの影響もあってすめないのである。不法投棄がはじまったのが昭和55年（1980年）ころからで、それから約10年間続いた。島民の撤去運動で、平成2年

（1990年）に兵庫県警が業者を摘発し、平成12年（2000年）になって、やっと香川県が責任を認め「撤去する約束」をした。産業廃棄物約90万tの島外搬出が終了したのが平成29年3月のことである。

隣の直島（豊島の西・香川県）で、最高温度1、350℃の炉で無害化処理を行っている。この直島も公害の島で「銅の精錬」のため、昭和50年代初期のことではあるが、島に草木がなく、赤茶けた地肌がむき出しになっていた。この産業廃棄物の処理に対して、平成29年3月時点で、国と県は700億円以上の費用をつぎ込んでいるが、現在に至っても終了したわけではない。困難な残務処理が残されている。

家電の再資源化を進める家電リサイクル法である「特定家庭用機器再商品化法」が施行された後も、家電の不法投棄が止まらない。その多くのものが山野に捨てられている。そこには関係者の「モラルの欠如」がある。降雨が、錆びた金属に触れて悪質な水となり、地中に浸透して地下水となり、水源水の一部になっている。家電の不法投棄の背景にあるのは、家電の50％の行方を追跡する仕組みが作られていないことにある。多くの地方自治体が対策に頭を悩ましている。その後、製造物製造者責任制度ができた。その対象は自動車で「リサイクル預託金制度」である。しかし、家電製品は廃棄の時に料金を支払って片づけてもらうことになっていることから、不法投棄につながっているといえる。「良質な水原資源林の育成と維持管理」は、地方自治体にとって重要な行政事業となっている。

現実に日本の山林が崩壊への前兆を見せ始めている。そのひとつが「ナラ枯れ」である。樹木の内部で繁殖するカビが原因で、クヌギやナラ、クリなどがまとまった規模、つまり一定の範囲（地域）で立ち枯れを起こしている。少なくとも27の府と県で確認されている。

木が茶色くなって枯れるのは「カシノナガキクイムシ」という甲虫が産卵のため木に穴を開けて入り込む時に持ち込むカビが原因とされている。木の内部で水分を通す管が目詰まりし、枯れ死する。水脈が断絶する。「マツ喰い虫」によるマツの枯れ死も似たような現象である。関係者によれば古木で高木を好むムシが繁殖しやすい環境になっていることも影響しているという。そのため、対策としては「森林を若返らせる必要がある」が、伐採が進んでいかない森林管理の現状で、若い樹木の植栽を拡大していくことは難しい。

農業の担い手がいなくなり、現実に農業従事者の継承者は少ない。その影響で農地が荒廃すれば里山の維持が難しくなる。平成23年1月現在、農業従事者の平均年齢が65歳を超えていることもあって、その若返りは喫緊の問題である。喫緊の問題とされて、すでに30年は経過している。都市型農業で、後継者不足が著しい。全国的に兼業農家が過半を占めているなかで、都市部農家では家計費を農業に依存しているのは皆無に等しいといえる。いずれにしても、国土の多くを占めている「森林の維持と保全」は、自然環境と社会環境との共生に欠くことのできない要件である。

川崎市の平成18年度版『包括外部監査報告書』では「都市型農業」に触れている。そこでは「川崎市内の農業」は、都市化の進展に伴う農家の兼業化、相続税問題など厳しい営農状況にあるなかで農地・農家の減少が続いている。一方で、安全・安心な農産物の供給や農業体験など農業・農地に対する市民ニーズ・期待の高まりなどが見られる。川崎市は、このような社会状況の変化を踏まえ、平成17年3月に新たな農業振興計画として「かわさき『農』の新生プラン」を策定している。このプランの基本的な考え方は、「農業」から「農」への発展であり、農業・農地の役割を、市民生活の向上の視点から「農」の持つ多面的な価値を再評価しているものである。林業事業者は、ほとんど同時に農業事業者である。日々の生活を支えているのが、農業であり、農業事業者の後継者不足は同時に林業事業者の後継者不足にも関係している。

林業事業者の高齢化率は、平成22年当時で21%である。この数値は全国平均の2倍で、平均年齢は52・1歳である。林業の再生（低迷からの脱出）が、うまくいっていない事情に「伐採職人」が不足していることにある。人手不足から木材の切り出しが進まないこともあって、木材生産高はピーク時の25%に落ち込んでいる。なお、全国の林業系大学は17校ある。国も後押しをし、平成15年には、林野庁が「緑の雇用」事業を始めた。林業事業者を育てる森林組合に新規就業者1人当たり月額9万円を支給するというものである。このような国の支援は必要であるし、国や地方自治体が林道などの整備・支援を行っている。

農水省によると、平成26年（２０１４年）の木材生産高は2、３５４億円でしかなく、昭和55年（１９８０年）の25％にまで減少している。全国の森林組合93％が「人手不足」を訴えている一方で、戦後植樹した人工林の50％以上が「伐採樹齢」に達している。昭和55年当時14万人を超えていた林業事業者が、平成27年には5万人以下となっている。伐採したいけれどもできない環境にある。さらに日本木材の需要減少によって建築用木材（丸太）の価格が値下がりしている。そのため林業事業者への成り手が少ない。平成24年当時の林業事業者1人当たりの平均所得は３０５万円で、全産業平均の４１４万円を26％下回っているのが実態である。

切り出した「材木の用途」も重要な要点である。供給と需要がマッチしていないとビジネスは成立しない。岡山県真庭市は80％が森林である。一般建築家屋向けの十分な需要がないことから、新たな材木の用途として公共施設への利用が期待されている。森林組合の関係者によれば「住宅だけでは需要が減少していく」ことから、期待する建築分野として学校などの公共施設（84％）、大規模な商業施設（52％）ということであった（複数回答）。間伐材や端材を使用している木質バイオマス発電もそのひとつである。ただし、バイオマス発電用の木材は、住宅などの建築資材に適さない間伐材や端材などの材木である。売価収入は少額であるから、林業事業者の収入増加には期待できない。

現状では、高品質の丸太、建築用資材の需要にはつながらないので、森林の整備・育成に必要な収益性（付加価値）の高い材木を供給できるようにならないと、「森林の保全」と「林業事業者の増加」は望めない。日本は世界有数の森林資源大国といわれている一方で、日本で使われている木材の約80％が安い輸入木材である。木材価格も競争価格であることから、一般国民が国内産がよいとしても、昭和の後期以降、輸入木材との競争から値下がりしている。牛肉などのような「価格差別」が進まない。

6　森林の鳥獣被害

鳥獣被害は、大分以前から問題視されてきてはいるが、なかなか、有効な対策が取られていない。しかも被害をもたらす鳥獣が全国的に増加している。平成10年代の初期、農水省の評価委員会の委員を務めていたころ、いくつかの農水補助事業に関連して現場視察（往査）に行ったことがある。長野県のある地区のことである。「猿害被害」の説明を受けた。サルは人をよく見ているという。壮年者が田畑で農作業を行っているときには出てこないが、老人や幼年者の場合、見計らったように田畑に出没し、追い払おうとしても無視するかのように行動（エモノの収穫）しているという。

リンゴ畑などでは、収穫の時期と思っていると、その2、3日前に出没し荒らしていく。防護のため網を張って、囲いをしている。以前には1匹では無理なので、あきらめて帰って行った。最近（現場視察の時期）では、数匹で網を揺らして壊すなど、荒らし方が高度化しているという。また、以前、サルは根菜類には手を出さなかったが、今では、たとえばダイコンを小川で洗って食しているという。鳥獣被害は日本全国に広がっている。新聞などの報道によれば、クマによる被害も話題にされている。

平成16年版の東京都の『包括外部監査報告書』では、「森林の健全な育成と維持」に関連して、以下のような説明を行っている。

　日本では、林業および木材産業によって、長い歴史をかけて再生可能な森林資源を利用するシステムが確立され、森林の経営が産業として成り立っていた。ところが、昭和30年代なかばからはじまった低価格の輸入木材の普及によって、木材価格の低迷が続き、林業家の収支構造を悪化させ、…林業経営が成り立たず、管理が放棄された森林が荒廃し、森林の持つ公益的な機能が脅かされている。…森林が有する公益的機能が低下すると、生活の①安心、②安全、③安らぎという都民が求めている自然の恩恵を享受したいというニーズに十分に応えることができなくなる恐れがある。…水道局は、多摩川の上流域に水源林（以下「水道水源林」という。）を保有し、直接管理している。この水道水源林は、多摩川上流域の都と山梨県にまたがる標高５００～２１００ｍの気象条件の激しい山岳地帯に位置し、２１６３ha（区部面積の35％にあたる）に及ぶ広大な森林帯である。…。

戦後の日本では、荒廃した国土に、スギやヒノキが植えられた。このように、現在の森林は、国策により、戦後、主として建築資材向けの造林として作られたものである。いま、問題になっているのは、この民有人工林を管理し、守る林業の衰退が、森林の荒廃を発生させている。…スギ、ヒノキなどの人工林は、下刈り、間伐、枝打ちなどの施業が適切にかつ継続して行われて、はじめて自然生態、植物生理、山地保全などの面が良好な状態が維持されることになる。…都には、このような間伐が必要になっている民有人工林が平成13年度末で2万haある。水道水源林が適切に管理されていても、民有人工林がさらに荒廃していくと、飲料水に適した水の安定的な供給に、悪い影響が出ることが想定される。

ここまでは「都の森林」に関する概要である。ここでの問題提起は鳥獣被害である。実際、多摩川上流域つまり「水道水源林地帯の森林被害」は、大きな問題になっている。この地域の被害は主として「シカ害」である。大木の木肌（樹皮）を食している。主としては若木の樹皮を食している。大木でもむしり取られるように樹皮が剥がされてしまうと、樹木は枯れてしまう。刈り取った空き地部分に若木を植樹すると、たちまち一帯が食され枯れ木となっているところが散見される。若木の場合、樹皮が柔らかいので、シカにとっても食しやすいのであろう。網や柵で小さな植樹林の囲《かこい》を作る。あるいはプラスチック材もしくはペットボトルなどで1本、1本防護したとしても、広域山間部の多くの樹木に施すのは大変なことで、現実的に不可能である。シカ害は、全国的な広がりを見せており、世界自然遺産の白神山地（青森県・秋田県）の周辺地区では、貴重なブナ林が食い荒らされる危機に直面している。ともかく、同報告書は「ニホンジカの被害」について、以下のような説明を行っている。

ここ最近の傾向としてニホンジカによる草やカン木類の食害、植栽木等の芽、葉、樹皮の食害による枯死被害が拡大している。平成16年に、水道局が水道水源林2万1、634haをすべて調査したところ、水道水源林内での樹木の被害区域は約2割で、下草が食べられた形跡のある区域は約7割に及んでおり、一部には下草の消失によって土砂流出を引き起こすおそれのある区域も生じていることが判明した。

さらに、民有人工林においては、土砂流出を引き起こすような深刻な被害が発生している。被害を早く、小さく抑えない限り、近い将来、水源域における森林の維持に対して多額の資金を投じなければならなくなる。このため、水道局は、今年度から本格的に苗木を守るためのシカ防護柵を設置するとともに、関係機関（環境局、産業労働局、山梨県など）と調整し、シカの捕獲を含むシカ対策に取り組んでいる。このような現状から引き続き、都民の理解と協力を得て、十分な効果のあるシカ対策への積極的な対応が求められている。

東京都は、シカ対策として「シカの駆除」を行うこととし、増え続けるシカの総数を一定の頭数以下にとどめる方針を打ち出している。追い払うのもひとつの方策であるが、他の県などへ放逐するだけのことで、根本的な解決には至らない。駆除したシカを食材として利用することは検討していない。駆除すること自体、猟師が減少していることから、なかなか、大変な労苦となっている。シカの天敵であるニホンオオカミ（イヌ科の肉食獣）が絶滅したこともシカの増殖を許している。オオカミはかつて「山の神」として崇《あが》められていたが、明治期に西洋人の「オオカミ害獣思考」から猟師による狩りが進められたことと、西洋人が持ち込んだ犬によって病気（一種の狂犬病）が蔓延したことから、明治38年には絶滅した。

ところで、食材量の件であるが、搬送の困難さがある。自動車が入れる道路まで運ぶのはきわめて重労働である。捕らえた場所は、通常、急な斜面地であることが多いからである。そのため駆除したシカを埋めてしまう方策を検討しているとのことであった。他方、同様にシカ対策に悩まされている北海道では、駆除対象のシカを食材に利用するなども検討しており、北海道のトップが先頭に立って食事しているところがテレビで放映されていたことがある。なお、北海道のオオカミはエゾオオカミで本州のニホンオオカミとは別の種類として区別されている。野生鳥獣の捕獲から精肉、販売までを紹介するＨＰもある。鳥獣被害としては、シカのほかにイノシシ、クマ、アライグマ、ハクビシンなどがある。ハクビシンなどは民家の屋根裏に住み着いてしまうケースがあり、テレビで放映されていたことがある。

都が計画している駆除は、生息頭数を一定の範囲内に止めることによって、鳥獣被害を抑制するものであって、料理用の食材にすることまでは計画化されていない。料理食材として利用することによって、一般国民に認知されていけば、狩猟コストが下げられるので、多様な方策を検討すべきである。シカやイノシシは日本でも古くからマタギの世界で食されてきた。シカやイノシシなどの野生動物は「カムほどに肉本来のコクのあるうまみ」が出てくるという。伊豆地方においては、シカの刺身を「サケのルイベ」のように冷凍して薄く切って食べる。冷凍にすることによって、肉に入っている寄生虫を殺すのである。

7　施設の老朽化と耐震化工事

高度経済成長期に一斉にインフラ資産（施設・機器整備）が造成された。そして、現在、それらの資産が、同時並行的に老朽化し始め、ものによっては危険性が高まり、使用不能、使用禁止となっている。そのため①管理・補修費用が増加、②水道施設では断水や漏水などの事故の多発、道路では通行禁止、その結果として③施設更新費用の集中化が起きている。

また、厄介な問題も発生している。修理した水道管に水を流すと新たな漏水が見つかるという現象が起きている。公的機関の水道事業者が補修工事を行っているのは、公道の地下に敷設している水道管である。個人宅地の敷地内はあくまでも地権者の個人が責任を負っている。時の経過に伴い、この敷地内での漏水が発生している。水道工事事業者に依頼しても、なかなか、漏水箇所を見つけるのは難しい。一度修理して、水道を止めているにもかかわらず、メーターが動いている。要するに漏水箇所が複数あることが少なくない。中高層住宅（マンション）などの場合、屋上に設置されている給水塔が古くなって、錆やその他の障害物による水の汚染が発生している。水道管や下水道管が朽ちて使えなくなるとお手上げで、最終的には建物の外壁に沿ってバイパスを設置しなければならないことにさえなってくる。

日経の記事によると「阪神・淡路大震災や東日本大震災に続き、熊本でもライフラインの要である水道の復旧が遅れた。地方の上下水道は敷設されてから設備更新されていないところが多い。管の継ぎ手に伸縮性を持たせる耐震化も進んでいない。厚生労働省によると、全国の基幹水道の耐震適合率は２０１４年度末時点で36％」程度にとどまっているという。そこで厚生労働省は、平成34年度末までに耐震適合率の全国平均値を50％までもっていく目標値を掲《かか》げた。しかし、各地方公共団体は、水道料金の値上げを避け続けてきたこともあって、更新に必要な投資資金に余裕がなく、施工が遅れている。とくに地方においては、人口が減少していることもあって、料金収入が減収していることから、施工に踏み切れない自治体がある。そこで他の自治体との連携や事業の統合など効率化、合理化に向けた取り組みを行っているところがある。日本で一番土地が狭いとされる香川県は、平成30年4月に直島町を除き1県1水道体制をつくることにしている。最大のネックは料金格差の是正にある。

日本政策投資銀行が作成した『わが国水道事業者の現状と課題［最終報告］』（2015年8月）によると「2014年3月末現在の水道施設の耐震適合率は、導水管や送水管、配水本管など基幹管路で34・8％（前年度比＋1・3％）に留まっている。浄水施設の耐震適合率は22・1％（前年度比＋0・7％）、配水池は47・1％（前年度比＋2・6％）となっている」とし、都道府県別にみると神奈川県と青森県が61・4％と53・8％で50％を超えているが、逆に低いところは鹿児島県と長崎県であり、20・3％と20・9％となっている。耐震適合率が低いところでは、大地震が発生した時に大きな被害を受ける可能性が高い。東日本大震災の時には、千葉県の舞浜地区で液状化現象が起きて、水道管などに被害が発生し、地区内の住民の生活に大きな影響を与えた。また、熊本地震の時には、耐震適合率が低くかった益城町が大きな被害を受けている。

前掲の報告書では「複数の事業者が事業を統合することにより、重複する施設の統廃合や、非効率な施設の廃止を実現することができる。実際、広域化を実現した事業者の多くが、本部機能やサービスセンターといった管理部門にとどまらず、取水施設や浄水場といった基幹施設の統廃合による施設の削減を実現している。重複施設の統廃合や非効率な施設の廃止は、将来の維持更新投資の削減や、減価償却費の削減、及び人件費をはじめとする運営経費の削減をもたらす。…これまでの市町村の枠を越えて原水や配水の相互融通を検討することで、水源から給水に至るまでの水道システムを抜本的に見直し、より効率的かつ安全な水道システムの再構築を実現することが可能である」とまとめている。

しかし、やり方によっては問題も発生してくる。先に触れた東京都の平成16年度版『包括外部監査報告書』では「水道局は、昭和46年に策定した『多摩地区水道事業の都営一元化基本計画』に基づき、昭和48年11月1日から多摩地区の水道事業を順次統合してきており、現在まで多摩地区25市町を統合している。しかしながら、各市町に事務委託を行っているため、直営で事業を行う場合に比して、事業の効率化がさまたげられている。…また、統合市町においては、料金収納などの事務を委託する形式をとっているが、実際には、料金請求については、市町業務の効率化のため、都が一括して電算処理し、各市町の名で請求書（納入通知諸）を使用者に発送」している。そうであれば、この電算処理事務経費は都が各市町に請求すべき費用である。しかし、水道事業の都営一元化計画という政治的配慮から、それを行っていない。これは都による経済支援の一環となっている。

平成29年7月現在、埼玉県秩父地域の水道事業（1市4町）が統合してから1年が経過した。ところが、将来の人口減少や施設更新の負担が増すことなどから、お互いに危機意識を持ちはじめ費用負担を巡って溝ができてしまった。1市4町は秩父市、横瀬、皆野、長瀞、小鹿野で、各自治体でつくる一部事務組合「秩父広域市町村圏組合」である。現在41カ所ある浄水場のうち、まず15カ所を閉鎖するなどして、施設の統廃合し、経費削減する計画であった。施設改良費用の一部は、国の補助対象となり、対象額の3分の1が10年間交付されることになっている。しかし、各団体の懐《ふところ》具合から話が先に進まない。

水道事業の経営力強化は、埼玉県全体として急務な事項とされている。とくに秩父地域の浄水場は、老朽化が進んでいることもあって、耐震工事が必要とされている施設が多いことから施設更新費用が必要とされている。問題意識が合意されない背景には、家庭用水道料金（20㎥単位）に最高料金と最低料金の間に1、190円の差があり、各自治体間に財政問題（財政健全化格差など）があること、さらには5年以内に料金を統一することへの政治的葛藤（水道料金の均一化対策）がある。

この単一地方自治体を越えた施設の統廃合は、清掃工場や焼却場でも必要とされている。焼却場も増築されてから相応の年数を経過している建設物が多いことから、新規の建設が必要とされている建設物などが増えている。焼却場についていえば、昭和30年代、学校などではゴミを校庭の片隅で焼却していた。田圃《たんぼ》などのなかでは稲刈りの後の乾いた田圃で「野焼き」も行われていた。この焼却によってダイオキシンを排出させ、人的被害を起こしていた。ダイオキシンは、きわめて毒性の強い有機塩素化合物の1つである。人的被害が問題とされ、「野焼き」や「ごみの焼却」を禁止させるために、焼却場を建設させた。ダイオキシン対策としては、平成12年に「ダイオキシン類対策特別措置法」が、平成14年には「廃棄物の処理及び清掃に関する法律」が制定された。たとえば、処理の在り方が「燃焼ガスの温度が摂氏８００度以上の状態で、廃棄物を焼却できるものであること」などの規制が敷かれた。

当時の焼却場は行政単位で建設することになり、比較的人口が少ない地方自治体では、ダイオキシン対応として摂氏８００℃そこその焼却場を建設した。そして、現在、その多くが耐用年数を迎え、建て替えが必要になってきている。しかし、この当時、多くの物品（鮮魚などを含む）が木製の箱を使用していたが、その後の経済成長と化学の発達に伴い、発砲スチレール（ゴミ処理上プラスチック扱い）が保冷用品に使用されるようになった。聞くところによると、発砲スチレールを溶解するためには、１、２００℃以上の焼却場でないと対応ができないということである。そのためには、大規模なあるいは多額な建設資金が必要になってくるので、1単位の地方自治体を越えて、複数の地方自治体が共同して建設する必要に迫われている。摂氏1、200℃以上の焼却場は高度焼却場に相当し、広域にわたって焼却対象物を集めないと費用対効果が生まれないので、1団体ではかえって非効率になる。

余計なことではあるが、摂氏800℃以上は「陶器」の窯焼きに必要な温度であり、「磁器」の場合には、摂氏1、200℃以上が必要とされている。

しかし、現実には、住民の反対などによって、候補地の用地取得が進まず、容易に建て替えができない状況にある。たとえば、小金井市のようなケースがある。昭和60年小金井市の市議会が改築を決議し、平成16年になって、やっと国分市に共同処理の申し入れを行った。焼却場がなくなった小金井市は周辺自治体に依頼して処理してきたが、平成23年4月、新市長が周辺自治体へのゴミ委託処理費用の増額分を「無駄遣いだ」として、削減を主張した。これに反発した周辺自治体がゴミの受け入りを拒否した。たまるゴミの処理に困った住民の反対が高まり、新市長は辞任に追い込まれてしまった。どこでも「ゴミ問題」は頭の痛い課題であり、各家庭でも悩みの大きい問題である。そして平成26年1月、小金井市、日野市、国分寺市の3市による「可燃ごみ処理計画」が取り交わされた。

日経の記事によると、平成29年5月、政府の「経済財政諮問会議」は、地方公営事業の問題点を点検し、「採算の低い経営体制を見直し、公営企業に毎年3兆円が他の会計から充当されている現状の是正を訴えた。地方自治体が、財政調整基金などで貯《た》めた資金21兆円まで増えていることの原因究明も総務省に要請した。…財政では不採算などを理由に、公営企業に他会計から繰り入れられる金額が年間3兆円を超えることを問題視。そのうち上下水道が2兆円」を超えていることもあって、水道事業の広域化を進めることを提言している。その背景には、中央政府が1、000兆円以上の債務を負っているにもかかわらず、政治的判断からその削減が思うようにいかないで苦悩している。一方で、地方政府が財政調整基金などに積み上げた資金「積立基金」が、平成16年度で21兆5、461億円もあるという皮肉な財政問題がある。1、000億円以上あるのは大阪市、仙台市などの10市区に上っている。

8　水道施設の老朽化対策

施設などの老朽化は水道施設に限ったことではない。平成28年10月12日、東京都心を含む58万戸が停電に遭《あ》った大事故は、埼玉県内の送電設備で起きた火災が原因であった。この送電線は設置してから35年が経過した旧式の設備であった。東京電力が管理する管轄内では1、400㎞にわたる送電線が旧式のままで更新されず、経年劣化していた。停電の原因となった火災は、新座市と豊島区、練馬区にあるふたつの変電所をつなぐ地下の送電施設で発生した。出火したのは、電線の束を油が含まれている絶縁紙で漏電を防ぐ「OPケーブル」が旧式のもので、このOPケーブルを地下化したのは昭和45年以降のことであった。東京電力管轄内にある地下の高圧送電網は、約8、800㎞あり、そのうち約1、400㎞が旧式のOPケーブルである。停電の影響を受けた地区は、東西南北でいえば上野、練馬、高輪、豊島を結ぶ線内の広い地域になっている。

多くの公営住宅も老朽化の波を受けている。移り住んだ当初は、若い世代の家庭であったものが、子供たちが大人になり、独立して巣立っていく。残された両親が年をとり、そのまま住んでいることから住宅の老朽化と介護世代家庭になっている。横浜市の市営住宅では、約20年後には90％が改築か大規模改修が必要になってくるとされている。しかし、老朽化に向けた対策（資金の手当て、建替を含む）が行われていない。まず、予算化が必要とされるが、地方議会は関心を持っていないし、前向きに対応（審議）をしていない。

また、都の戸山団地などでも、若い世代がほとんどいないことから、「限界集落」ともいわれている。多摩ニュータウンでは、古い建物を中高層マンションに順次立て替えて、増築した部分を建替資金とし、そこに若い世代を移入させるなどの対策を行い、多世代住宅化を図っている。旧日本住宅公団（現都市再生機構）など公営住宅の場合、敷地面積に余裕があることから、建替用地が比較的確保されやすいが、民間の建設したマンションの場合、用地面積にほとんど余裕がないので無理である。

国土審議会・水資源開発分科会の『施設の老朽化対策と適正な維持管理』（平成25年11月25日）は、老朽化に起因する施設が破損した事例として、①木曽川右岸施設坂祝支線水路の漏水事故、②豊川用水伊良子サイフォンの営農被害（浸水被害）などのケースを挙げている。近年局地的大雨が降雨することが多くなった。平成29年7月18日には、東京都内に一部に大雨が、ところにより直径5㎝以上のヒョウが降り、駅舎の屋根などに穴をあけるなどの被害を与えた。

また「社会資本における維持管理の取り組み」は過去の経緯に触れ、日本再興戦略（平成25年6月14日の閣議決定）で検討された内容のうち「今年度内に優先施設への集中点検の実施とインフラ情報のデータベース化を推進し、来年度からインフラ維持管理・更新情報プラットフォームの一部運用を開始、２０１５年度以降、機能強化を図りつつ、本格運用する」ことや「整備の推進により、人の手だけに頼るのではなく、インフラ情報や交通データ等の情報を地理空間情報として統合運用することにより、効率化・効果的なインフラ維持管理・更新する」ことを紹介している。

また、一般財団法人全国上下水道コンサルタント協会の『水道管路の劣化・老朽化対策への着手』（平成28年度版）の「迫りくる水道施設の劣化・老朽化と事故」では「水道施設の全資産のうち、管路系の占める割合は65％です。全国の上水管路総延長は、約65万㎞（H25・3末）です。このうち法定耐用年数（40年）を経過した管路は10・5％…、20年後には4割を超える見通しです。水道管路の劣化・老朽化が原因とみられる漏水（管路破損事故）が増加傾向にあります」ことから「今こそ予算の拡充を！」と訴えている。「国の推計では現状資産に対する将来更新需要（H21～H62）は、年平均で1兆4、000億円、ピークで約1兆7、000億円と推計されています。今こそ、予算を拡充し計画的に更新対策に取り組んでいく必要があります」と水道施設の更新の必要性を強く主張している。

また、厚労省は『水道施設の耐震化の推進』のなかで、「日本の水道普及率は97％を超え、市民生活や社会経済活動に不可欠の重要なライフラインとなっています。そのため、地震などの自然災害、水質事故等の非常事態においても、基幹的な水道施設の安全性の確保や重要施設等への給水の確保、さらに、被災した場合でも速やかに復旧できる体制の確保等が必要とされています」としながらも、水道施設の耐震化に触れて「浄水場の耐震化率は約25・8％、配水池は約51・5％であり、まだまだ地震に対する備えが十分であるとはいえない状況です」と現状を憂いている。

Ⅶ　道路と橋梁などの新設と補修

1　道路の損壊と経済的損失

平成24年12月2日、山梨県の中央自動車道笹子トンネルで起きた「天井板崩落事故」は、老朽化しているトンネルの危険性を世間に知らしめたという意味において、大きな契機を与えた。その余韻を受けて調査した結果、他のトンネルでもボルトの不具合が相次いで発覚している。その事故の反省として、1つは「国の点検基準」が20年近く改定されていなかったことが明らかになったこと、2つに老朽化している高速道路の「メンテナンス体制の遅延」が浮き彫りにされたこと、3つめが新規の工事着工が優先されてきた「従来の道路行政」からの転換が迫られることになったことなどが明らかになった。

笹子トンネルでは、事故現場のボルトは平成12年（2000年）を最後にハンマーでたたいて調査する「打音点検」を実施してこなかった。鉄道事業においても、地震などがあった場合、安全確認のため金鎚《かなづち》による打音点検で亀裂の有無と程度を調査している。ともかく日経の記事では「事故の背景にはコンクリートや金属の老朽化にメンテナンスが追いついていない実態」が浮かび上ってきたと報じているが、道路新設が優先されてきたことに理由がある。平成27年12月23日、千葉県君津市のトンネル（松岡隧道《ずいどう》）で重さ約23・5tのモルタル片が崩落した事故が起きた。老朽化対策工事中の事故である。原因については、トンネル内の山肌とモルタルの間の付着力が足りず、モルタル自体の重さに耐えられなくなり、崩落したのではないかといわれている。

また、橋梁事故については、平成27年8月に京都市の国道の橋梁で、地震による「橋桁落下防止用耐震装置」に溶接不良が見つかった。この事件をきっかけとして国交省が調査した結果、45都道府県の高速道路や国道などに架かる橋梁556本に不良品が使用されていたことを発表している。京都市の橋梁事件を受けて調査した結果、関係した企業が製造した不良品の防止用装置が、国や地方が管理する357本の橋梁で使用されていることがわかった。また、前掲した556本のうち400本の橋梁に使用されていた「落下防止用耐震装置」は、12の業者が製造時に不正に手抜きをしていたと判断されている。

これらのいずれにも共通する原因は、世界でも優秀とされている日本の「品質管理姿勢」が低下していること、また、施工会社が行う行為（仕事に対する姿勢を含む）の誇りが劣化していることを意味している。多少の注意や管理監督の強化だけでは改善されそうもない由々しき問題が起きている。さらに、高齢化に伴う技術の伝承が進んでいないことなどがある。

少し古くなるが、阪神・淡路大震災が起きた平成7年以降に国道や高速道路の橋梁の耐震化工事用に納入された他の業者の落下防止用耐震装置を調査したところ43本の橋梁に使用されていた装置に溶接不良があったことが明らかになっている。いずれも原因は「手抜き」だったと判断された。事故が起これば「人災」である。想定外の力が作用して起きた事故ではないからである。このほかに156本の橋梁で、技量不足から溶接部に傷があるといったなどの不十分な耐震装置が使用されていたことなどが判明している。

技量不足から溶接部に傷が発生するなどに内在する原因としては、経験のある技能工が不足していることや管理監督の不十分性や不注意がある。これらの現象は、事故が発生した場合の言い訳は、多くの事業で見られる現象である。その背景に「技術の伝承」がうまく進んでいないことや「仕事に情熱を燃やす若手が育っていないこと」などの理由がある。いままではあまり必要ではなくなったことも影響しているものと思われるが、大工でノミ、カンナ、ノコギリをうまく使いこなす職人が減っている。機械化の進展が「古来の技術」を必要としなくなったことや「建設業務の分業化」が業務領域を狭めていることも関係している。

世情、大きな問題提起を起こした事件に横浜市内に建設されたマンションで「杭打ちデータ改竄《かいざん》事件」がある。固い地盤（支持層）まで杭打ちをしなければならないにもかかわらず、支持層に届いていないまま、迫られる工事期間に間に合わせるために、マンションの建設を着工したことも一因であるとされている。そのために、建物が傾いてしまったという事故が起きてしまった。平成27年12月4日、国交省は、地方自治体が独自に調査して改竄が判明した82件のうち、57件については、杭が支持層まで到達していることから、安全性が確認できたと発表している。道路や橋梁で、安全性に問題が発覚した場合、あるいは事故が起きた場合、大きな被害となる可能性が高いし、また、通行止めになった場合の不利益、迂回することになり、交通渋滞が発生するなど、大きな経済的損失が発生する。

ここでまた水道の話に戻ることになるが、横浜は「近代水道の発祥の地」であるが、それ故にこそ「水道管の老朽化対策問題」は喫緊の問題である。総延長9、200kmに及ぶ市内の水道管は老朽化が進んでいることから、毎年、110kmを更新していくとして、毎年、約210億円の更新費用がかかるものと試算されている。また、横須賀は戦前から軍港の都市として栄えてきたが、そのために軍部の強い力によって必要とされる施設が整備されてきた。相模湖、津久井湖などの水源地から太い水道管が横須賀に向かって敷設されている。軍艦に必要な水を短時間に運ぶ必要があったからである。また、横須賀線は兵隊を横須賀に運ぶために、北鎌倉の円覚寺の境内の中を突っ切って鉄道線が敷設された。

2　道路の老朽化と洪水被害

国交省は『インフラ長寿命化計画（行動計画）のフォローアップ』（平成27年12月）のなかで諸問題を取り上げている。まず「点検の実施と修繕」では、「基準等の見直しを概ね完了し、順次、点検・修繕を実施中」であり、「今後とも、対象施設の点検等を着実に進める」としている。道路については、定期点検の実施頻度を「5年に一度」としている。橋梁（橋長2m以上）の総数は72万3、495施設（27年6月末現在、以下同様）で、すべてを対象にし、完了したのが6万3、719施設（9%）である。トンネルは総数が1万878施設で、すべてを対象にし、完了したのが1、442施設（13%）である。大型の構造物（横断歩道橋など）は総数が3万9、875施設で、すべてを対象にし、完了したのが6、359施設（16%）である。

また、地方公共団体への支援である「研修の充実・強化」に関連しては「確実な維持管理が行えるよう、従来の取組みに加え、実務的な点検の適切な実施・評価に資する研修体制を充実・強化」することにし、さらには「技術者不足が指摘されている地方公共団体等への技術的支援の一環として、平成26年度より研修への地方公共団体等職員の参加を呼び掛けている」と説明している。さらには「管理するインフラが多く、人員・技術力が不足している市町村の維持管理体制に対して、民間のノウハウ等の投入や関係機関の連携により体制を強化」していくことになっている。中小の地方自治体では、当該自治体が管理義務を有し、整理しておくべき「道路台帳」を作成（網羅制不十分）し、保存していない地方自治体さえある。そのため、将来に向かって、どの程度補修・更新のために資金が必要になるのか「将来債務の試算」ができていない。

平成14年版の東京都の『包括外部監査報告書』で「道路台帳の整備について」以下のように触れている。未整備は予算不足によるものである。

道路台帳は、「道路法第28条第1項」によりその調製および保管が道路管理者に義務づけられており、また「道路法施行規則第4条の2第1項」によって調書および図面で組成されることになっている。都では道路台帳を、目的別に、以下の3種類の台帳により整備している。

①　道路台帳平面図と調書

道路施設の現況、道路の区域線および現況幅員等を記したもの

②　地下埋設物台帳平面図と調書

水道・ガス・電力・電話等の主な占用物件の位置、大きさを記したもの

③　道路敷地構成図と調書

平成13年度末における道路台帳の整備率は、「道路台帳平面図」および「地下埋設物台帳平面図」が100％であるのに対し、「道路敷地構成図」は48・6％にすぎない。…整備開始後28年間（昭和49年度～平成13年度）における整備率を勘案すると、同構成図の整備完了までに、さらに30年程度の長い年限を要することになる。

本報告書は、道路敷地構成図の整備が遅れていることを問題視している。そのために「道路区域を座標で管理することが『震災等により道路に被害を受けた場合、道路位置を正確かつ迅速に復元するために必要である』」ことから、計画的（完成年限の目標設定を含む）に整備することを求めている。現実問題として重要なことは、都は「地下埋設物台帳平面図」は完成しているという認識であるが、たとえば、半蔵門線の地下化工事において、道玄坂と山の手線や渋谷川と交差する当たりの土木工事では、図面があったとしても、電線や水道管などの埋設物が図面どおり埋設されていなかった。そのため、地下鉄工事は、おそるおそる、傷つけないように工事を進めていかなければならなかったことなどの理由から、工事費が大幅に当初予算を超過するとともに、工事期間も長期化したケースがある。このように図面が完成していたとしても、その信頼性の問題がかかわってくる。

また、平成29年7月は、九州北部から日本海沿いに梅雨前線が北進し、多くの地区に大きな被害をもたらしている。秋田県では、7月22日～23日にかけて大雨が降雨し、河川の氾濫や道路の冠水が相次いだ。一部では道路が分断されて通行不可となったことから、いくつかの世帯が孤立した。仙北市、横手市、大仙市などを中心に被害が発生した。23日には、梅雨前線が新潟地方から福島地方に向かって、日本列島を横断している。この影響で雄物川が増水し、上流に位置する横手市のほか、その下流地区になる大仙市地区などに、一層、大きな被害をもたらしている。

5年前にも、大雨が降って大きな被害を被った経験があり、避難警報が出る前に「河川水位の増水」を見て、早めの退避を行い助かった人たちがいる。この人たちの言葉では、前回よりも増水の勢いが早く、危険水位のへの水嵩《みずかさ》の上昇が早かったため、「早期の退避ができてよかった」という。日経の記事によると「国土交通省は少なくとも7河川で氾濫危機水位を超え、大仙市の雄物川上流や福部内川、由利本荘市の芋川で氾濫を確認した。県のまとめでは…道路冠水や破損などで…165世帯338人が孤立している」と発表している。多くの人たちが学校施設などに避難している。問題は飲み水とトイレである。

また、大仙市南側の国道105号線では長さ約20mにわたって崩れ落ちた土砂が道を塞《ふさ》ぎ、通行不可の状態になっている。道路の安全な利用に関しては、道路自体の維持管理のほか、大雨の時の「安全確保」が重要な課題となっている。都の下水道は1時間に50ミリの雨に対応できることになっているが、近年のゲリラ豪雨はそれを超えた大量の雨が降るので、局部的に対応能力を超えてしまう。外水道を逆流したり、下水道に収まり切れず、道路が冠水することで、被害が大きくなってくる。

道路の被害は、道路だけに注意していればよいというものではなく、他の関連する施設との関係も重要になっている。平成27年9月には、関東・東北地区に豪雨があり、茨城県常総市の鬼怒川などで堤防が決壊した。鬼怒川で決壊した場所は、「堤防嵩上《かさあげ》工事」が計画され、用地の買収が始まったところであった。国交省によると、高さ4mの堤防が決壊し、幅約200mが流された。全国でも河川ごとに堤防整備計画があるが、全流域で完了した河川はほとんどない。予算の制約もあり、全河川の堤防をすぐに強化するのは現実的ではないとされている。しかし、毎年、どこかで大規模な洪水被害が発生している。常総市では、過去にも洪水被害が発生している。今回は、その時よりも決壊した泥水が、いち早く住宅地区に流れ込んできたため、被害が大きくなったという。

堤防を嵩上して、あるいはコンクリートで固めて、河川領域に閉じ込めようとする行為は、自然（洪水）との闘いであって、想定外の大雨（洪水被害が発生した時の行政等関係者の言い訳）が降雨した場合、堤防などが決壊する。自然との調整が必要なのである。河川が土壌で作られている場合、一部は浸透する（この自然浸透機能は重要である）が、コンクリートの河川はすべての流量が河川を下っていくことになるので、支流河川の合流もあり、流量が、一層、増水していくことになる。

江戸時代の初期、徳川幕府が江戸に拠点を置くことにした時代、現在の東京都心部は大雨が降るたびに、川が氾濫するなどして大きな被害が発生していた。当時、関東平野はいたるところに沼沢《しょうたく》や荒れ地があり、河水の流路も乱れていた。現在の荒川が暴れ川であった。そのため、利根川に付け替え、江戸御府内への流量を減少させる工事を行った。同時に利根川と荒川など大河川の堤防を築造した。

この時の治水法の特色は、川幅をゆったり取り、堤防をあまり高くせず、大雨の時には、堤防の外にあらかじめ設けてある遊水地帯にあふれた水を引き込もうとするものである。熊本市内を流れる白川の堤防では、右岸（江戸時代、右岸に城下町があった）を高くして、左岸を低くして、低い方に増水した水を引き入れるというものであった。現在でも、右岸の堤防が高くなっている。このようなことは、大阪の大和川でも採用されていて、現在でも、北側の堤防の方が南側より高くしてある。しかし、江戸の中期には、白河のこの遊水地帯が耕地として利用されるようになり、その機能が失われ、水害被害に、再度、悩まされることになった。自然との調和を図るべきで、自然との共生政策が大切と考えている。

3　道路の新設と効用

大雨が降雨した場合、河川領域に閉じ込めるのではなく、現在使用されている耕作地を遊水地帯として利用できるようにすれば、広域の洪水被害を最小化することが可能となる。その遊水地帯の関係者には補償制度の充実化で対応する。それが「人の道」である。

老朽化した道路などインフラ資産の補修・更新は、国と地方にとって重要な施策である。他方、インフラの新設も重要な施策である。むしろ国と地方は「新設に重点を置いてきた」きらいがある。とくに「道路の渋滞」による経済的損失は巨額である。都心部に通じている幹線道路の朝方の渋滞はいたるところで発生している。とくに主要な河川に架けられている橋梁の数が少ないこともあって、集約されてくる幹線道路は慢性的に渋滞が起きている。東京都を中心として考えると、東地区としては江戸川放水路、荒川放水路が、また西地区では相模川、多摩川である。

東京都の平成14度版『包括外部監査報告書』では、「地域幹線道路の整備」としては、以下の3点の機能を果たすことを目的として作られているとしている。

①　公共施設へのアクセス機能の向上

②　快適な歩行空間の確保と沿道環境の確保

③　ライフラインなどの公共公益施設の収容空間の確保

現実問題としての整備の状況は、平成12年3月現在、「地域幹線道路のうち都市計画道路の計画延長は、区部1、088㎞、多摩部1、025㎞、合計2、113㎞となっており、その完成率は区部51％、多摩部44％、合計で47％」にすぎない。都としては「快適で環境にやさしい道づくりとして、道路における環境配慮への社会的関心が高まるなか、東京都では4車線以上の主要な幹線道路の整備にあたり、…、沿道環境に配慮した道路整備を進めている」が、財政的問題と地域住民の意見調整が長引くことから、なかなか順調には進捗しているとはいえない。

とはいえ「安全な道路、うるおいのある河川、緑豊かな公園など都市基盤の整備は、人々のくらしと都市の機能がバランスよく調和し、活力に満ちた東京となるよう、着実に推進していくことが必要である」ことから、都としては「道路の整備、河川の改修、公園の整備を効果的に進めていくためには、将来を見据えた計画的、重点的な用地の取得を行っていくことが求められている」と説明している。しかし、計画地区内の土地所有者の賛同が得にくいことや、沿道地区内住民による騒音被害、交通事故への危険意識などから用地の買収が遅々として進んでいない。課題は山済みで「自動車が満足にすれ違えない車道幅員5・5m未満の道路延長は、東京の道路総延長1万6、325㎞にも及んでおり、東京の道路は慢性的に渋滞している」のが現実である。

道路拡幅工事と道路延長工事などの工事において、住民の移転反対など諸種の理由により、ほぼ完成まじかであるにもかかわらず、工事が中断しているために共用できないないところがある。そのようなケースのひとつにおいて、外部監査人による「代執行の手続提案」を行い、半年ほどで道路を完成させ、共用を可能にさせた事例がある。この事例では賃貸住宅の一部が道路用地に引っかかっていた。賃貸住居の所有者は同意していたが、賃借人が退去を拒否していたために道路工事が中断していたというケースであった。

先の報告書では「権利取得裁決および明渡裁決を得ても、訴訟事件が係属すると、現実には代執行の請求を差控え、裁決による強制措置である『代執行は行わない』ことが慣例となっている。そのため、建物占有者が未移転のため、現実には、明渡裁決を得た土地についても工事ができないという事態が発生している。」本件事例では、東京地裁で取り扱われた事案である。「平成13年6月に明渡裁決が出され、建物占有者に同年8月23日が明渡期限であった。それにもかかわらず当事者が補償金の受領を拒絶して、明渡しをせず、…、立ち退かった」事例である。代執行により、早期に共用できていれば、交通の利便性が実際よりも早く、かつ高まっていたというケースである。

4　道路の新設と経済的利益

先の報告書によると都が計算している「交通渋滞による経済社会に与える影響」について、つまり「経済的犠牲（経済損失）」は年間4兆9、000億円である。他方、国交省が計算している首都圏の経済損失は3兆2、000億円である。この差額は前提条件の相違によるものである。都の場合、①渋滞のない場合の平均速度を時速30km、②実際の平均速度を時速18km、③1日の平均的交通量207万台、④1台当たりの平均走行距離51kmの条件設定で、⑥時速18kmから30kmに改善した場合に、51kmの走行必要時間を68分節約できるとの前提で計算した試算値である。

その上で、⑦時間便益（時間短縮による生活時間の創出）を1日1台当たり3、700円として、⑧燃料や車両整備等の節約を1日1台当たり2、800円として計算すると年間4兆9、000億円となる。ただし、この計算に用いられている年間は365日であるから、休日（土・日・祭日など）をどう調整しておくべきなのか、という問題がある。しかし、それを調整した平均交通量としているのかについては、確認していない。

ともかく「都市計画道路等の見直し、凍結等によって、道路整備が遅れているため、渋滞の緩和が先延ばしされている」ことから、都内および都を含めた首都圏の交通渋滞が解消されることがなく、無駄に経済資源が費消されている。道路などの新設は、日本国全体の「生産性を向上させる」ためにも必要な施策である。とくに「道路等事業の実施に当たっては、投資の直接的な効果（たとえば、有料道路の費用補償計算の維持）だけではなく、経済的損失の抑制にも配慮した費用対効果計算」を取り込んだ計算が必要とされる。

後者の問題は、アクアラインが完成まじかの時期、一般乗用車の通行料が片道6、000円と試算されていた。この金額で、アクアラインの事業費総額（運営費を含む）をアクアラインのみの収入でまかなうとした場合の通行料金である。もし、この金額で実施されたときに、実際どの程度の利用者がいるのか、悲観的な回答しか出てこなかった。

アクアラインが完成する以前、東京や神奈川方面から市原市を含むゴルフ銀座ともいわれている千葉県方面に行く場合、京葉道路を利用することになる。この道路は慢性的に渋滞が厳しい道路であった。アクアラインが開通したことによって、京葉道路の渋滞が緩和された場合の機会利益すなわち経済的効果を計算要素に取り入れてアクアラインの利用料金を計算もしくは決定すべきである。一般公道（非有料道路）の場合、採算性という収支計算を行っていない。有料道路にのみ「単独の収支計算」を行うことは、採算性を検証するために必要なことではあるが、公益的施設として事業計画を行っている以上、総合的な収支計算を行って「事業全体の有効性」を検討すべきであると考えている。最終的には、政治的判断で、利用者が支払可能な利用料金の設定になった。現行８００円である。

首都高速道路の横羽線と大黒線の生麦ジャンクションと第三京浜道路の横浜港北ジャンクションを結ぶ「横浜北線」が、平成29年3月16日に開通した。第三京浜から湾岸道路を経由してアクアラインもしくは羽田空港に行くためには、三角形の二辺もしくは四角形の三辺を遠回りしていかなければならなかった。無駄な走行を強いられていた。横浜北線の開通により約10分弱所要時間が短縮された。その「機会損失の回復による経済的利益」は大きい。走行距離の短縮だけでなく、渋滞に遭遇するリスクが低くなったことが大きい。ただし、問題も発生している。平成29年8月、その周辺地区で、地盤の沈下や諸種の外壁などに亀裂が発生していることが見つかったからである。

本件と直接の関係はないが、大分県豊後大野市で平成29年5月23日までに81カ所の地割れが見つかった。縦約４００ｍ、横約３００ｍの広い範囲で81カ所もの地面に亀裂が確認された。原因は「地下水」であると見られている。この一帯は稲作農家が点在する地域で、昭和39年、ちょうど、東京オリンピックが開催された年であるが、地滑りが起き、国や市から「危険区域」に指定されていた中山間部であった。53年も経過すれば、一世代25年とすれば、二世代が経過していることになり、語り継がれたとしても、危険度意識も希薄化していくものと思われる。世代間意識の伝承が大切であることがわかる。その他の地区でも、事故は起きている。とくに地下水や湧水のペットボトルなどの利用を含め大量の汲み上げは、地盤沈下やその他の被害を起こす要因とされている。

首都圏中央連絡自動車道（圏央道）の開通した経済的効果（首都高速3号線を含む主要な首都高の渋滞緩和を含む）はさらに大きい。平成29年3月1日、茨城県堺古河インターチェンジと同県つくば中央インターチェンジが開通して、圏央道のほぼ90％が完成した。この完成によって、東名、中央、関越、東北、常磐、東関東の6つの主要な高速道路が結ばれることになった。その結果、日経の記事に記載されているように「圏央道と6つの高速道が生む新たなヒトとモノの流れ。物流、観光の改革への挑戦が広がる」ことから、大手企業が沿線に大規模な物量施設を建造している。この「圏央道など3環状の整備は都心の渋滞緩和、物流の円滑化、土地利用の分散の三点が狙い」であるとされているが、居住住民の都心部集中化の緩和、職場の分散を通じた通勤ラッシュの緩和にも役立つ。

また、道路の老朽化それ自体とは直接的な関係がないとしても、「街路樹の老木」などによる被害のほか、「信号の制御機」の20％が耐用年数（警視庁の更新基準は19年）を経過したまま使用されている。古くなると故障しやすくなるが、管理する都道府県の財政難などで更新が進んでいない。信号機を取り付けている支柱も老朽化していることから、腐食や強風によって倒壊する事故が発生している。実際に人身事故が起きている。

警視庁によると、平成26年3月末時点で全国に設置された約20万3、900基のうち、約3万8、900基（19・1％）が耐用年数を経過している。日本全体で各種のインフラ設備が老朽化している。本格的な改修の時期を迎えているが、自治体にとって財政面で改修・更新の予算化が困難になっているというのが、自治体側の説明である。しかし、国は巨額な債務を抱えているが、地方によっては、将来の資金支出に備えた「基金」を積み増しているところがあるので、財政難といえども一律的にいい得るものではないようである。したがって、問題視するところは、予算を調製するもしくは審議する地方議会つまり地方議員が「どれだけインフラ資産の補修・更新に関心を持っているか、審議しているか」に尽きる。

平成27年10月1日の日経は「旧道路関係四公団の民営化から、10月1日で丸10年を迎える。民営化前に約37兆円に及んだ有利子債務の返済は着実に進んでいるが、老朽化で大規模更新が必要になり、高速道路の無料化は大幅に遠のいた」と、批判している。しかし、新規開設・築造費用や補修・更新費用を、高速道路を利用しない企業や個人に負担を強いる無料化施策は、「受益者負担という基本的公平性」の視点から大きな問題がある。ともかく、ここでは「最大の課題は老朽化対策だ。…。道路各社が策定した大規模更新の総費用は計4兆円規模」になると報じている。

HP『高速道路リニュアルプロジェクト』は「東日本・中日本・西日本高速道路株式会社

（以下、「ＮＥＸＣＯ３社」という）は、高速道路ネットワークの機能を永続的に活用していくことを目指し、高速道路本体の構造物に関する大規模更新、大規模修繕の必要性やその対策について、…検討を進めてきました。ＮＥＸＣＯ３社が管理する高速道路は、…延長約９、０００㎞に達しています。そのうち共用から30年以上経過した延長が約４割（約３、７００㎞）を占めるなど、老朽化の進展とともに厳しい使用環境にさらされている」と説明しているが、昭和39年に完成した当時の首都高速道路はすでに54年余を経過している。

その後、数年後に完成した東名高速道路でも約50年が経過している。東名高速道路では、ところにより騒音公害など地域住民の声を受け入れて防音壁の高さを６ｍから８ｍに交換している。それによって、車の走行音を道路内に閉じ込めるとともに、外に出た音をより遠くに飛ばせられることになった。また外が見えないことから圧迫感が強かったために、透明の資材を使うことによって、圧迫感の減少効果（景観）をもたらしている。防音壁の６ｍから８ｍへの変更は、基礎工事の強化も必要であり、防音壁の重量が増すことになる。そのため橋梁への利用はできない。ところで、東名の多摩川橋梁では、夜間の街路灯（照明）が「川岸の住民の安眠妨害」になっているということから、照明色（薄い紫色）を変えている。マンションが多いこの地区では、戸建のような雨戸がないことから、外の光が部屋のなかに入ってくるからである。

Ⅷ　財源と財務政策

1　財源としての租税制度と課題

日本は「制定法（成文法）主義国家」である。すべて事の取り決めは「法律の定め」において行われる。憲法第30条（納税の義務）の定めを「納税者主権主義の原則」といい、第84条の「租税法律主義の原則」と合わせて「租税の二大原則」を構成している。

日本では、長い間「賦課課税制度」が採用されてきた。これは旧来の「年貢取立の方式」と変わりはなく、国（徴税者）が国民（納税者）に対して納付税額を決定し、納税を課するものである。それは徴税者が納税者に対して、一定の課税基準を基礎にして課税する制度である。明治6年の「地租改正条例」のもとに、従来の物納が「金銭による納付」に代わっても、納税の仕組み自体に基本的な変更はなかった。地租は、年貢に変わるもので土地に課する収益税であって、昭和22年に都道府県税とされた後、昭和25年に廃止された。ただし、それは固定資産税に生まれ代わり、地方公共団体の重要な財源として現在も生きている。

昭和22年に所得税、法人税および相続税について「申告納税制度」が採用された。憲法（前文）に「ここに主権が国民に存することを宣言し、この憲法を確定する」と記している。憲法は主権が国民にあることを謳っている。国民は、租税を負担させられているのではなく、国家と国民との合意による負担である。民主主義政治体制のもとにおいては、国民の自己の意志による納税という図式が成立する。そこにおいて、はじめて申告納税制度の理念が国民主権主義と結び付くことになる。しかし、租税は「対価のない支出」であることから、租税回避行為はあとを絶たない。企業運営上でも必要なコストなのである。

租は、長い歴史のなかにあって「租税・税金」を意味するものであった。一部では、支配階級者が被支配階級層に対して、田畑の収穫物の一部を上納させたもの（田租）であり、また、兵役を求めたもの（傭調）がある。日本においては「年貢」という形で収めていた。租は現在の税金であり、きわめて古い時代から発生していた。人間が集団生活を形成するようになって、社会的共通費の負担という形態をとってくるようになった時からである。そこでは、租は主に農民などが納める年貢と提供する労役であった。労役は兵役という形で課されることが多かった。平時においては、治山治水など公共工事に従事されてきた。日本語における税の「禾」（禾偏《のぎへん》）の語源は、穀物や穀物の茎を意味していた。稲を中心とする収穫物を納めることが多かったことから、結果として、「稲」を意味するようになった。

日本国の租は、古事記・日本書紀によれば、第10代の崇神《すじん》天皇「御間城入彦五十瓊殖《みまきいりひこいにえ》天皇」の治世に、男は弓調《ゆはず》の調《みつぎ》、女は手末《たなすえ》の調《みつぎ》を定めたのが、その最初であるとされている。調が租である。この租税の現代的意義は「国家もしくは地方公共団体が、与えられた課税権に基づいて、その運営資金を徴収する目的で、法の定める課税要件を満たす者に対して賦課する金銭による給付」である。

租税回避行為には、大きく分けて合法性行為（節税）と非合法性行為（脱税）とがある。明らかに合法性のある行為と明らかに合法性のない行為と判断されるものは別として、合法性行為と非合法性行為の間には大きなグレーゾーンがあり、取り締まることは難しい。この租税回避行為は、非合法性行為もしくは不適切な行為によって納税義務を免れる行為もしくは軽減する好意と理解されている。私法上許された形式を濫用することにより租税負担を不当に回避しもしくは軽減することは、「課税の公平性・平等性」の観点から許されるべきではない。またタックス・シェルターは、課税（租税）回避行為の一種であり、課税逃避行為もしくは課税逃れ商品取引ともいわれている。法人税法、所得税法などの所得課税は、条文の表現並びに内容の精緻さ、複雑さのために、課税逃れ商品取引が行われる温床になっている。日本の法人税率の高さゆえに、税率の低い国もしくは地域に逃避していく。課税の公平性、平等性を求めすぎることによって、税法体系が複雑化し、かえって課税逃避行為もしくは課税逃れ商品取引が行われていく背景となっている。

現代の先進諸国における「税務当局の共通の最大の悩みの課題」が、このタックス・シェルターに対する対応である。タックス・シェルターは、非課税地としてのケイマン諸島（キューバの南で、カリブ海にある島々）、バージン諸島（プエルトリコの東で、大西洋に面した島々）などを利用して行われる。これらの国もしくは地域に本店登録して投資活動して得た運用益が課税されないという仕組みになっているために、利用している。これらの国もしくは地域をタックスヘイブン（租税回避地）と呼んでいる。

日本政府は、平成21年4月、タックスヘイブンを通じた脱税の阻止に向けた取り組みをすると発表している。世界の20カ国・地域（G20）が規制強化で合意したことを受けて、銀行の顧客の機密情報を交換できる規定を各国と締結するほか、税務調査でも提携することにしている。世界で1、100兆円といわれる租税回避資金に網をかけることが目的とした取り決めである。

いずれにしても、現在もしくは近未来、問題になってくる重要な国家財政の課題は、「日本の経常収支が黒字から赤字に転じる」おそれが高まってきていることにある。一時、貿易赤字が続いたが、最近、黒字化して心配は杞憂となっているが、このまま継続していくかは悲観的である。その理由のひとつが、多くの国民が貯蓄を取り崩して消費に充てる高齢者が増え、モノの輸入が伸びやすくなることにある。かつての常識が崩れ、財政収支と経常収支の「双子の赤字」に苦しむ日がくるということで、国家の体力が弱体化していくことをほのめかしている。その結果、国債の消化も難しくなる。政府が増発する国債の受け皿となってきた家計や企業の貯蓄が目減りするようなら、海外の投資家に依存することになり、国家の対外債務が拡大し、国家運営の柔軟性が、硬直化し、疲弊化していくことになる。

2　財源としての消費税と課題

基本的に、わたし自身は「消費税に反対」であるが、政務債務の削減・解消のためには、やむを得ない施策と考えている。どこの国の国民も納税には反対である。しかし、他方で手厚い社会福祉を求めている。「ムシのいい話」だ。昨今、とくに「移転価格税制」や「租税回避行為」が問題視されていることに、その証を見ることができる。政務債務の圧縮と将来費用の増大化を見越して、15年以上も前の時期に、わたしは、抜本的な税制改革として、「法人税率20％」と「消費税率20％」が必要であると考えていた。法人税率については、多くの中小企業が赤字であることを考慮すると、税率の問題ではなく、他の需要拡大策を講じて、その育成を図るものとする。

消費税については、常に逆進性が問題視されているので、その対策としては食料品などの生活関係物品や教育関係費用への軽減税率、たとえば10％以下の税率の適用で調整すればよいものと考えている。高橋茂樹は『消費税、常識のウソ』のなかで、「日本を財政破綻、経済破綻から救う手段としては、消費税の引き上げがもっとも現実的で、かつ勤労者層に打撃の少ない手段ではないでしょうか」と主張し、また「欧州（ＥＵ）諸国の付加価値税は高いところでは20％を超えており、すべての国で日本より高くなっています」と、世界の状況を語っている。

消費税の導入は平成元年で、すでに約30年近くになる。消費税は、大平内閣（昭和53年～55年）の「一般消費税」構想並びに中曽根内閣（昭和57年～62年）の「売上税」構想の挫折を経て、竹下内閣（昭和62年～平成元年）の時代に「消費税法（昭和63年12月30日）」は成立した。２つの内閣が倒壊したように、難産の上の成立である。

新法成立の背景には「国の財政問題」があった。政府としては、脆弱な国家財政の建て直しの必要性に迫られていた。そこでは、この消費税の導入によって「国家財政の建て直しが図られたのか」というと、必ずしも成功しているとはいえない。平成元年３月末の公債残高（一般会計部門）は１５７兆円であったが、平成24年３月末には６７５兆円に膨張しているからである。しかし、消費税を導入しなかった場合、公債残高はさらに増加していると考えられる。歳出削減が行われなかったことが、大きな要因である。財務省が削減姿勢を示しても、各省庁並びに各種団体に票田を持つ政治家が予算要求を強めているからである。

税目の分類としては、課税客体に着目すると、所得課税（法人税、所得税）、消費課税（附加価値税、たばこ税、酒税など）および資産課税（相続税、固定資産税、自動車税など）がある。消費課税は、直接消費税と間接消費税に分けられる。さらに間接消費税は関税、酒税やたばこ税などの個別消費税と一般消費税に分かれる。一般消費税は、特定の段階でのみ課税する単段階消費税と製造・流通の各段階で課税する多段階消費税に分けられる。後者には、累積的取引高税と附加価値税があるが、累積的取引高税は仕入税額を控除することができないため、ほとんど採用されていない。附加価値税にはGNP型附加価値税、所得型附加価値税および消費型附加価値税などの類型がある。消費型附加価値税の課税ベースは、「賃金＋利子＋地代＋減価償却費＋利益－（マイナス）設備投資」である。一般的に附加価値税というときには、この消費型附加価値税を指している。

国税庁のホームページ「税の学習コーナー（税の国際比較）」に掲載されている附加価値税の税率比較は、以下に示した（表6）のようになっている。なお、附加価値税は、全世界の100以上の国や地域で採用されている。

日本の消費税は現在8％である。政府債務の削減と社会保障費資金手当てとして、計画し

（表６）消費税（附加価値税）の比較（平成29年１月現在）

国　名	税率	国　名	税率	国　名	税率
デンマーク	25%	オーストリア	20%	インドネシア	10%
スウェーデン	25%	イギリス	20%	日　本	8%
ノルウェー	25%	ドイツ	19%	タ　イ	7%
イタリア	22%	中　国	17%	シンガポール	7%
オランダ	21%	ニュージーランド	15%	台　湾	5%
ベルギー	21%	フィリピン	12%	カナダ	5%
フランス	20%	韓　国	10%		

出所：国税庁の資料「棒グラフ」を，税率の高い順に並べ替えて作成している。

ていた10％への引き上げを２度延期している。その間、政府債務は増大している。景気が上向かないことと８％への増税で景気が後退したことを理由としている。今回の増税による税収増加分を「子育て支援」や「教育無償化」の財源としている。一部は政府債務の償還に充当することとしているが、高齢者向けの社会保障費が、毎年、約８、０００億円増加していくことが見込まれていることから、政府債務の削減資金としてどの程度、回せるのか、難しい問題がある。

世界の消費税率を見ると10％に増税したとしても、まだ低い方である。世界のレベルからいえば、まだま だ、増税の余地はある。しかし、その増税主張は、根拠としては高いものではない、あくまでも国内の事情である政府債務の圧縮と導入に当たっての国民の同意をどのようにして得られるのか、むずかしい課題がある。日本経済の成長が第一である。いずれにしても、

「消費税は重要な国家の財源」である。また、消費税についていえば、不正な還付請求や未納付額が大きいことも、改善していく必要がある。

日本経済が成長路線に乗れていくことができない1つの理由として、平成29年版『経済白書』は、「企業の意識調査ではプラスの効果が大きい技術ほど、日本の企業で導入が進んでいない。特に中小企業の導入が遅れている」と説明しているが、この中小企業は、大企業の孫下請けやさらにその下請け企業が多いこともあって、大企業の世界戦略・海外進出など競争激化から「継続的値下げ要請」があって「事業上の魅力」が低く、後継者難に見舞われている。そのような理由から「新規技術の導入」や「新規の設備投資」などを実施した場合のリスクを回避したいために消極的になっているのが実情である。

教育の無償化も決して全面的に賛成できるものではない。重要なことは、日本の未来を担う「若い世代の修学意欲の低下対策」である。それらの1つの表れが「留学生の減少」に表れている。また、喫緊の問題となっているのが、若年層の人口の減少に対応して必要になってくるのが、「学校の統合」や老朽化している「学校施設の更新・補修」である。たとえば、会計検査院が平成27年に消防設備の劣化などについて指摘した20府県の公立小中学校2、686校について再調査したところ、平成26年12月現在、19府県の1、024校で未修繕の設備などがまだあることが判明している。学校施設も重要なインフラ施設である。

最近、学校施設ではないとしても、火災もしくは洪水などの被災が多く発生していることからも、適切かつ十分な学習施設の維持・保全が必要である。定期的点検のほか更新・補修が必要とされている。さらには「すぐれた教育者の配置」が必要とされている。

3　法人税率引下競争の潮流

国税とは、一般的には法人税、所得税、消費税などを指しており、この3税が国家財源の主要な部分を占めている。法人税と所得税は直接税であり、納税者が自ら確定申告書などの必要書類を提出して納税する。この直接税は国家経済の景気に影響されるため、変動的要素を持っている。他方、消費税は間接税であり、税を負担する者と納税事務をする者は別である。消費税は他の税に比較して、景気に影響される程度が低いために、安定的に税収額を見積もることができる。戦後日本の税制は、所得課税が中心であった。そのなかでも所得税は累進課税であったために、とくに高額所得者に重税感があり、課税上「捕捉率の不公平観」がある上に、各種の控除項目があるため複雑な計算になっている。特に高い累進課税率のために、富裕層を中心に海外への富の移転と居住転出が起きてくる。

基本的にすべての国民に納税義務が課せられている関係上、税法は「簡易さ（理解しやすさ）」が、重要な要素とされているが、現在の税法はきわめて複雑になっている。そのため

「単一税率の消費税」が導入された。ただし「簡素な税」という視点からみれば、消費税はかなり複雑な税制である。先進諸国における各国の法人税率が、日本のそれと比較して低率であることから、国際競争の関係上、日本の法人税率の引き下げが必要になっている。主要な日本の大企業は積極的に海外に進出している。大手自動車会社を始めとして、海外進出企業のうちの多くの企業が、売上と利益の50%以上を海外で上げている。この「海外進出の動機」は、賃金の安さだけではない。実質的な法人課税である。さらに地産地消もある。この場合、運送費の節約や修繕施設などのサービス提供の容易さがある。

最近では、各国間で「法人税率の格差」が問題になっている。そのため「法人税率の引下」による国内への外国企業の誘致が勧められている。日本の場合、同時に国内企業の活性化(事業化)が必要になっている。現実の問題としては、法人税の実効税額(法人事業税等を含む)だけではなく、固定資産税や事業所税などの地方税の負担も重い。企業にとって「税金も経費」である。しかも「対価のない資金支出」であるから、その抑制(節税)は、重要な企業戦略の1つである。多くの企業が海外に拠点を作るのも、そのような事情がある。したがって、法人税率を低くして、海外の企業が日本に進出してくる環境づくりは、国家戦略として重要な課題となっている。

交際費等課税制度において「使途不明金」が「使途秘匿金」に代わり、罰課金の意味合いの重課税が制度化された平成6年当時の法人税の基本税率は40%であった。そして使途秘匿金の税率も同様に40%とされた。この税率は重課であるため、現在も変更されていない。その当時の法人税の実効税率は、だいたい53%程度であった。その後、法人税の基本税率は、順次、引き下げられてきた。平成29年現在23・4%で、地方税を含めた法人税の実効税率は30・86%である。法人税などの引き下げによる「法人税収の減収」に対応させる財源としては、当面「消費税の増収」しか考えられない。他方において、歳出の削減も必要である。収支の改善には、まず歳出の削減が一番である。

税率、たとえば、法人税率を20%に引き下げるなどして、魅力ある誘致活動を行う必要がある。税収は他の場合も同様で、納税者数(課税所得×税率)であるから、課税対象者数を増加させることが必要になっている。いずれにしても、日本において、諸外国から日本への投資を促すためには、法人税などの税金のほか、土地や生活費の高さと同時に事業展開していく場合のエネルギーコストの多寡も要点である。とくに電力料金や住居費などが高いとされている。ここで主要な先進諸国の法人税率と地方税を合わせた「税率の国際比較」をすると、以下に示した(表7)のようになっている。

（表７）法人税率と地方税の国際比較表（平成26年３月現在）

（単位：％）

	国　名	国　税	地方税	合　計
1	日本，23年度以前	27.99	11.55	39.54
2	日本，24，25年度	26.17	10.83	37.00
3	日本，26年度以降	23.79	10.83	34.62
4	アメリカ	31.91	8.84	40.75
5	フランス	33.33	0.00	33.33
6	ドイツ	15.83	13.76	29.59
7	中　国	25.00	0.00	25.00
8	韓　国	22.00	2.20	24.20
9	イギリス	23.00	0.00	23.00
10	シンガポール	17.00	0.00	17.00

（注）1　アメリカの場合，カリフォルニア州のケースである。たとえば，ニューヨーク市では，連邦税・州税（7.1%，付加価値税「税額の17%」）・市税（8.85%）を合わせた税率は47.67%となる。

（注）2　イギリスの法人税率は，2014年４月より21%，2015年４月より20%に引き下げられることが検討されている。

出所：財務省のHP「国・地方合わせた法人税率の比較」を基に表形式に修正して作成している。

4　所得税の財源としての位置づけ

所得税額は、過去、日本国の税収額の主要な位置にあり、「重要な国家の財源」であった。所得税制が、国民に受け入れられるためには、諸種の仕掛け（工夫）が要る。

まず「租税平等の原則」が遵守されていなければ、租税制度そのものが成立しない。この原則は、立法段階における基本的原理であるのみならず、法の解釈、適用においても作用していなければならない。この原則の重要なところは、徴税上の平等ばかりでなく、国や地方が、限られた財源（税収）を経済的、効率的さらに有効的に使途していく場合においても求められている。

租税平等の原則を保証する制度が、国税不服審判所制度と訴訟制度である。国税不服審判所の決定に不服がある場合、裁判所に提訴することができる。ところで、税務当局による不利益な課税処分の取り消しを求める「国税不服申立制度」が半世紀ぶりに改正されることになった。まず「資料の謄写」が可能になる。これまでは、閲覧ができたが、コピーは認められなかった。時代錯誤も甚だしい行政上の制度である。現実として、国税不服審判所の審議・判断は、納税者側にとってかなり厳しい環境にある。公正性・中立性を保っていることになっているが、審判所の審判官の多数が元国税従事者であるからである。かなり古い話であるが、東芝を調査した税務官が、国税不服審判所に提訴した東芝の審判官に加わっていたことが、審判の途中で判明した。当然適正な審判ができるわけではなく、審判なしの東芝の勝訴となった。

ともかく、審判手続の年間約3、000件の審査請求のうち、納税者の主張が認められる割合は、例年10％前後と低いのが現実である。国税不服審判所の職員の多くが国税局や税務署の職員であることを考慮すれば、ある意味、当然のことである。ただし納税者側の無理な

（表８）国内主要税収額の趨勢比較表

（単位：兆円）

年度（和暦）	所得税	法人税	消費税	合　計
昭和55年	10.8	8.9	1.2	20.9
昭和60年	15.4	12.0	1.6	29.0
平成元年	21.4	19.0	3.3	43.7
平成５年	23.7	12.1	5.6	41.4
平成10年	17.0	11.4	10.1	38.5
平成15年	13.9	10.1	9.7	33.7
平成20年	15.0	10.0	10.0	35.0
平成25年	14.8	10.1	10.4	35.3
平成27年	17.8	10.8	17.4	46.0

（注）消費税が導入される前の年度は，物品税の額である。

出所：財務省のHP「主要税目の税収（一般会計分）の推移」に基づいて，ほぼ５年ごとに区分して，作成している。

解釈による不適切な処理があることも確かである。

上記の（表８）にみられるように、昭和55年から平成25年にいたる33年間、所得税収額はほとんど増加していない。税率の変更が影響しているところではあるが、バブル経済崩壊後、経済基盤は一定の成長過程を歩んできたものの、下落した中流階層（一番人口が多い層）の所得の向上が達成されていないところに原因がある。３大国税に、その他相続税などの税収13兆９千億円を加えた平成27年度の国税全額は60兆円である。

この（表８）で見る限り、バブル経済期とその影響が残っていたとされる時期を除くと所得税の税収額は約15兆円であるが、平成27年度には増収となっている。国の景気の好況感はないものとしても、上場大企業は、ここ最近、過去最高益を出していることもあって支払配当金を増やしている。その源泉所得税が寄与しているものと考えられる。今後、相続税収も増収となってくる。

これから将来に向って長寿高齢化社会になる。彼らの一部は富裕層であるとしても、多くの人たちは年金生活者で、生活困窮者も増えていることから、所得税の増収はあまり期待することはできない。彼らは、残された人生を、貯金を取り崩しながら生活していく道しか残されていない。医療費の心配もあり、強く消費を高めることに躊躇している。若い世代は、その多くが非正規労働者であるとすれば、納税額の増加も限界的である。彼らは自分の生活の維持で精一杯で、国民保険などの未納者にさえなっている。非正規労働者を増加させておいて、企業の経営者・管理者が、「最近の若者は覇気がない、愛国心が感じられない」というのは、いかがなものかと思う。

生活保護家庭や長寿高齢者が増加していくことから医療費と介護費などの社会保障費が、毎年、8､000億円ほど増加していくような社会環境になっている。他方、その担い手となる社会的生産労働者層が減少していることから見ると、これ以上、所得税の増収を期待することはできない。根本的解決のひとつが「歳出の削減」であるが、政治家と霞が関にその気(削減努力)はない。つぎが所得税率の引き上げ、とくに高所得層に対する引き上げであるが、それにも限界がある。富裕層（対象者数）が限られているからである。

また、所得税率の引き上げは、彼らをして海外への移転を促すことにもなる。海外では、たとえば、フランスから他の国に移住する富裕者がいる。カリフォルニア州では、近隣の他の州に居住地を変え、カリフォルニア州内で勤務する人たちもいる。ただし、日本の場合、「近隣国は近くて遠い国」であり、転出の誘惑は出てこない。それでも少数ではあるが、海外への財産の移転もしくは居住地の移転が行われている事例がある。所得税の高さは、富裕層の海外脱出を促すことになる。

基本的には、①国内の産業を発展させ、②正規労働者の雇用の機会を増大させ、③有効需要を創造させ、④消費の拡大を起こし、⑤企業の設備投資を活発化させていき、⑥多様な雇用の機会を拡大させる。このような「景気拡大循環」を起こすことによって、結果として、所得税の増加を図っていく必要があると考えている。このようにして、税収増を図らない限り、財源を確保できない限り、老朽化したインフラ資産の維持、補修は困難となる。使用できないインフラ資産が増加していくと産業活動や住民の生活にも支障が生まれてくる。それは国として「国民の安全、安全な生活を守ること（国防）」ができないことになってくる。そして「国威の衰退」を結果することになってくる。

あとがき

　本書は、平成28年9月16日に開催された第37回日本公認会計士協会研究大会・ふくしま大会（郡山市）で行われた発表議題「国土強靭化、インフラ施設の老朽化対策と公会計の役割」のなかの『包括外部監査と国土強靭化、老朽化対策の視点「国防とインフラの維持対策からの検討」』で報告した内容を基にしてまとめたものです。同研究大会（全国大会）には、これまで愛知大会（名古屋市）、旧沖縄大会（那覇市）と併せて3回報告しています。すべてテーマは「公会計」に関連するものでした。今回の発表後1年を経過した9月に、その間に新たに入手した資料・情報を加えて、本書は整理しています。加えた資料などについては、本文中に記載しています。

　また、これまでに発表した以下の書籍、雑誌論分などを部分的に参考にするなり、一部抜粋するなど利用しています。これらの書籍等における引用文献並びに参考文献等については、当該書籍のなかで表示していますので、本書のなかでは、再度の表示は差し控えています。

また本文中の人名は敬称を省略させてもらっています。共通する題材は「国防」であり、インフラ問題と財源政策になっています。

①『外部監査制度と地方公営企業』（中央経済社）平成11年
②『環境破壊―自然環境再生への展望―』（東洋出版）　平成20年
③『租税法の基礎』（東洋出版）平成23年
④『監査人監査論―会計士・監査役監査と監査責任論を中心として―』（創成社）平成24年
⑤以下は雑誌論文で掲載年度省略
⑤『政府債務の膨張と財政改革の困難性―国防の必要性と財源等諸種の問題性について―』（明治大学商学研究所『明大商学論叢』）
⑥『国家財政の基本的問題と税制戦略―隠れ債務の認識と経済成長への取り組みに関連して―』（大東文化大学経営学会『経営論集』）
⑦『消費税と財政改革の問題点について』（『税制研究』第55号）
⑧『租税の意義と財政改革に関連して』（『税制研究』第56号）
⑨『日本の財政改革と必要性と課題』（『税制研究』第59号）
⑩『国家財政と財源確保の等の諸問題に関する一考察―憂いある国の行方を案じて―』（租税実務研究学会　『租税実務研究第3号』）

⑪『地方財務と隠れ債務—健全な未来を見据えた認識されるべき将来費用について—』（租税実務研究学会『租税実務研究第4号』）

⑫以下は地方自治法の監査制度の報告書

⑫東京都・平成14版『包括外部監査報告書』
⑬東京都・平成15版『包括外部監査報告書』
⑭東京都・平成16版『包括外部監査報告書』
⑮川崎市・平成17版『包括外部監査報告書』
⑯川崎市・平成18版『包括外部監査報告書』
⑰北九州市・平成17版『包括外部監査報告書』補助者
⑱台東区・平成19版『個別外部監査報告書』

平成30年1月14日の日経で、「電柱や電線の地中化促進に向け、政府が制度整備に着手する」ことにしたことを報じています。ロンドンとパリは100%完成しているのに対し、東京都23区内では8%しか進んでいないとされています。そのため東京五輪の開催に向けた「バリアフリー都市」を作るということのようです。昭和40年代後半の「所得倍増の時期」や昭和60年代の「バブル経済を謳歌した時代」を経験（国富の蓄積）してきたにもかかわらず、これらのインフラ整備を行ってこなかった。この時代の税収増加を考えれば、ある程度は可能な時代であったと思われます。

いずれにしても、ほとんどのインフラが老朽化時代を迎えており、年ごとに、その対象が増えていくことが確実に予想されています。「国民の安心、安全な生活を守る」ためにも、その改修、保全、更新は欠かせない重要な時期を迎えています。最近、多発している鉄道事故も、施設設備の経年劣化が、その原因であることが指摘されています。また、同日の日経は、インターネットを利用した取引が多くなってきたことから、データの高度利用と個人情報の保護が問題視されてきており、とくにアメリカと中国が「情報資源競争」でしのぎを削っていることが明らかにされています。そして、重要なことは、日本はアメリカ、中国、北朝鮮、ロシアなどからサイバー攻撃を受けているリスクが高まってきています。しかし、日本は「性善説」の国なのでしょうか、他国からの攻撃に弱いという「脆《もろ》い体質を改善できていない」ということにあります。これから情報社会それも多量な情報を戦略的に利用する時代になってきているということです。歴史的転換期に来ているのです。日本はその遅れを取り戻さなければなりません。

翌日の日経は「森林破壊」したがって「荒れる人工林」、「水源地ピンチ」を報じています。手入れの行き届かない森林の崩壊化は、外材が大量に輸入され始めた時期から危惧されてきたのですが、具体的かつ効果的な施策が行われずに、時間だけが経過していきました。戦後、植林したスギやヒノキの山林が問題の主題となっているのです。東京の多摩川の上流域は約4万8、000haの広さがありますが、その90%が森林であり、単純に分けるとして都と民間がほぼ半々所有しています。

スギやヒノキの山林ではなく天然の山林に近い混交林を育成すべきであったとされています。とくに後継者のいない林家、「林業ビジネスの衰退」が大きな問題（とくに民有林）であり、その影響で森林が保護、育成されていないことから、大雨などによる山崩れや大洪水を引き起こしているケースが、近年、多発している傾向にあります。その被害は大きく、復旧費用も巨額になるし、復旧事業も長期化することから国民の生活にも甚大な犠牲を強いることになっています。そのようなことから考えても、山林の保全、治山治水の整備などインフラ資産の予防事業は喫緊の問題になっています。

会計、監査、税務、教育、医療等諸制度も重要な社会インフラであり、その整備・運用は重要な国防であること論を待たないとしても、ここではとり挙げていません。いずれにしても、現在、インフラ資産が老朽化していることから、いずれ近い将来、国民の安心・安全な生活が脅かされていくことが危惧されています。

《著者紹介》
守屋俊晴（もりや・としはる）
昭和42年３月　明治大学・商学部商学科卒業
昭和47年３月　明治大学大学院・商学研究科博士課程　単位取得
平成17年４月～平成23年７月　公立大学法人首都大学東京・監事
平成18年４月～平成26年３月　学校法人法政大学・会計大学院・教授
平成18年６月～平成28年７月　ニフティ株式会社・独立社外監査役
平成18年６月～平成27年６月　富士通フロンテック株式会社・
独立社外監査役
平成19年６月～平成27年６月　帝人株式会社・独立社外監査役
平成27年４月　学校法人神奈川歯科大学・監事（現在）

著書（単著　平成30年１月１日現在）
地方自治体の情報公開と監査　平成９年９月　中央経済社
外部監査制度と地方公営企業　平成11年９月　中央経済社
環境破壊—自然環境再生への展望—　平成20年９月　東洋出版
租税法の基礎　平成23年７月　東洋出版
監査人監査論—会計士・監査役監査と監査責任論を中心として—
平成24年４月　創成社
会計不正と監査人の責任—ケーススタディ検証—
平成26年４月　創成社
不正会計と経営者責任—粉飾決算に追いこまれる経営者—
平成28年６月　創成社

（検印省略）

2018年６月５日　初版発行　略称－インフラ

インフラの老朽化と財政危機
—日の出ずる国より，日の没する国への没落—

著　者　守　屋　俊　晴
発行者　塚　田　尚　寛

発行所　東京都文京区
春日２－13－１　株式会社　創　成　社

電　話 03（3868）3867　ＦＡＸ 03（5802）6802
出版部 03（3868）3857　ＦＡＸ 03（5802）6801
http://www.books-sosei.com　振　替 00150-9-191261

定価はカバーに表示してあります。

ISBN978-4-7944-5065-4 C0234
Printed in Japan
組版：でーた工房　印刷：平河工業社
製本：宮製本所
落丁・乱丁本はお取り替えいたします。

創成社新書

創成社刊